Felix Fritz

Modellierung von Wälzlagern als generische Maschinenelemente einer Mehrkörpersimulation

Modellierung von Wälzlagern als generische Maschinenelemente einer Mehrkörpersimulation

Karlsruher Institut für Technologie

Schriftenreihe des Instituts für Technische Mechanik

Band 14

Modellierung von Wälzlagern als generische Maschinenelemente einer Mehrkörpersimulation

von
Felix Fritz

Dissertation, Karlsruher Institut für Technologie
Fakultät für Maschinenbau, 2011

Impressum

Karlsruher Institut für Technologie (KIT)
KIT Scientific Publishing
Straße am Forum 2
D-76131 Karlsruhe
www.ksp.kit.edu

KIT – Universität des Landes Baden-Württemberg und nationales
Forschungszentrum in der Helmholtz-Gemeinschaft

KIT Scientific Publishing 2011
Print on Demand

ISSN: 1614-3914
ISBN: 978-3-86644-667-0

Modellierung von Wälzlagern als generische Maschinenelemente einer Mehrkörpersimulation

---

Zur Erlangung des akademischen Grades

Doktor der Ingenieurwissenschaften

der
Fakultät für Maschinenbau
Karlsruher Institut für Technologie (KIT)

genehmigte
Dissertation

von

Dipl.-Ing. Felix Fritz
aus Gernsbach

Tag der mündlichen Prüfung: 10. Januar 2011
Hauptreferent: Prof. Dr.-Ing. Wolfgang Seemann
Korreferent: Prof. Dr.-Ing. Bernd Sauer

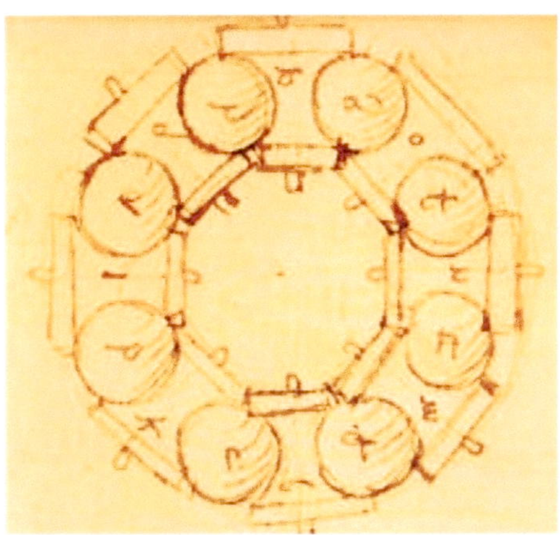

Die mechanischen Wissenschaften sind von allen die edelsten und nützlichsten, denn über ihren Umweg führen alle in Bewegung gesetzten Körper die Arbeit aus, für die sie entwickelt wurden.

Leonardo da Vinci

Kurzfassung

Die Untersuchung der Bewegung von Maschinen mit komplexen Geometrien kann durch Simulation mit kommerziellen Mehrkörpersimulationsprogrammen wie MSC.ADAMS erfolgen. Um in der Software mit geringem Aufwand virtuelle Prototypen von Maschinen zu erstellen, ist es nützlich, einzelne Maschinenelemente als benutzerdefiniertes Berechnungsmodell zur Verfügung zu stellen.
Daher wurde im Rahmen dieser Arbeit ein Modell für Wälzlager erstellt. Dieses wurde als benutzerdefiniertes Element in FORTRAN programmiert, das die mechanischen Eigenschaften von Rillenkugel- und Zylinderrollenlagern abbildet.

Erster Schritt bei der Modellierung ist die Abbildung der räumlichen Kinematik von Wälzkörpern und Ringen der Wälzlager. Dazu wird eine vektorielle Beschreibung mit Eulerwinkeln verwendet. Die Kinematik greift auf die Bewegungsdaten der MSC.ADAMS-Elemente zurück.
Mit den berechneten Positionen und Geschwindigkeiten der Wälzkörper wird die jeweilige Durchdringung von Wälzkörper und Laufbahn ermittelt. Aus diesen Größen wird die rückstellende Kraft in Normalenrichtung unter Berücksichtigung des Lagerspiels bestimmt. Für Kugellager erfolgt die Berechnung mit Hilfe der *Hertz*schen Gleichungen, für Rollenlager mit verschiedenen Scheibenmodellen.
Aus Belastung und Kontaktgeschwindigkeit lassen sich darüber hinaus die Reibungsverluste im Lager berechnen. Dazu werden einerseits phänomenologische Lagerreibgesetze der Wälzlagerhersteller verwendet und andererseits eine Formulierung der Tangentialkräfte im Kontakt mit Hilfe der Elastohydrodynamischen Theorie.
Die an den Wälzkörpern angreifenden Kräfte und Momente werden vektoriell überlagert, sodass sich Reaktionskraft und -moment des Lagers ergeben.

Durch Vergleich mit experimentellen Daten wurde das implementierte generische Maschinenelement validiert. Bei geringer Rechenzeit wird das dynamische Verhalten des Lagers für kleine und mittlere Lasten sowie Drehzahlen hinreichend genau beschrieben.

Inhaltsverzeichnis

Symbolverzeichnis

Indizes

0	im unbelasteten Zustand
λ	Scheibe Nr. λ
i	Wälzkörper i
AR	Außenring
ax	axial
IE	isoviskos elastischer Belastungsbereich eines EHD-Kontaktes
IR	Innenring
IR	isoviskos starrer Belastungsbereich eines EHD-Kontaktes
$Kaefig$	Käfig
max	maximal
rad	radial
VE	piezoviskos elastischer Belastungsbereich eines EHD-Kontaktes
VR	piezoviskos starrer Belastungsbereich eines EHD-Kontaktes
WK	Wälzkörper

Symbole

α	Betriebsdruckwinkel eines Kugellagers	[rad]
α	Druckviskositätskoeffizient	[mm^2 N^{-1}]
α_0	Nenndruckwinkel	[rad]
β	Exponent für Dichtungsreibung in Abhängigkeit von der Dichtungsausführung im Reibmodell [SKF06]	[1]
δ	Gesamtverformung zweier Kontaktpartner	[mm]
δ_λ	Verformung der Scheibe λ	[mm]

$\delta_{ax,i}$	axiale Gesamtverformung des Wälzkörpers i	[mm]
$\delta_{rad,i}$	radiale Gesamtverformung des Wälzkörpers i	[mm]
ΔM	absolute Abweichung des Reibmoments in Messung und Simulation	[Nmm]
Δs_{rad}	absolute Abweichung der Relativverschiebung zwischen den Ringen in Messung und Simulation	[Nmm]
ℓ	Gesamtlänge des Wälzkörpers	[mm]
η	Halbachsenbeiwert für *Hertz*schen Kontakt	[1]
η_0	dynamische Viskosität bei Umgebungsdruck	[Pa m^{-2}]
μ	Reibbeiwert	[1]
μ_g^*	modifizierter Gleitreibbeiwert nach [AB75]	[1]
μ_r^*	modifizierter Rollreibbeiwert nach [AB75]	[1]
μ_g	Gleitreibbeiwert	[1]
μ_r	Rollreibbeiwert	[1]
μ_{sl}	Gleitreibungszahl	[1]
ν	kinematische Viskosität	[mm^2 s^{-1}]
ν_i	Querkontraktionszahl des Körpers i	[1]
ω	Winkelgeschwindigkeit	[s^{-1}]
$\bar{t}$	Dicke einer Platte im Kontakt	[mm]
ϕ_θ	Winkel zwischen Verkippungsachse $\underset{\sim}{k}$ und y-Achse des Außenrings	[rad]
$\phi_{\theta,i}$	Winkel zwischen Verkippungsachse und Wälzkörperposition in Umfangsrichtung	[rad]
$\phi_{\underset{\sim}{s}}$	Winkel der Verschiebung $\underset{\sim}{s}$ in der Radialebene	[rad]
ϕ_{IR}	Drehwinkel des Innenrings zum Außenring um die Rotationsachse des Lagers	[rad]
Φ_{ish}	Schmierfilmdickenfaktor im Reibmodell [SKF06]	[1]
Φ_{rs}	Schmierstoffverdrängungsfaktor im Reibmodell [SKF06]	[1]
ψ	dritter Eulerwinkel	[rad]
ρ	Krümmung	[mm^{-1}]

ρ_0	Schmierstoffdichte bei Umgebungsdruck	$[\mathrm{kg\,mm^{-3}}]$
ρ_Σ	Summe der Krümmungen in einem *Hertz*schen Kontakt	$[\mathrm{mm^{-1}}]$
τ	*Hertz*scher Hilfswert $\cos(\tau)$	$[1]$
θ	Verkippung des Lagers	$[\mathrm{rad}]$
$\underset{\sim}{\omega}$	Winkelgeschwindigkeit der Ringe zueinander	$[\mathrm{rad\,s^{-1}}]$
$\underset{\sim}{k}$	Verkippungsachse	$[\mathrm{mm}]$
$\underset{\sim i}{R}$	Vektor zum i-ten Wälzkörper	$[\mathrm{mm}]$
$\underset{\sim i}{r}$	Richtungsvektor des Druckwinkels am i-ten Wälzkörper	$[\mathrm{mm}]$
$\underset{\sim}{s}$	Verschiebungsvektor in Koordinaten des Außenrings	$[\mathrm{mm}]$
$\underset{\sim i}{v}$	translatorische Geschwindigkeit der Ringe zueinander	$[\mathrm{mm\,s^{-1}}]$
φ	erster Eulerwinkel	$[\mathrm{rad}]$
ϑ	zweiter Eulerwinkel	$[\mathrm{rad}]$
ξ	Halbachsenbeiwert für *Hertz*schen Kontakt	$[1]$
ξ_λ	Abstand der Scheibe λ vom Wälzkörperschwerpunkt	$[\mathrm{mm}]$
ζ	*Hertz*scher Beiwert	$[1]$
a	erste Hauptachse der *Hertz*schen Kontaktellipse	$[\mathrm{mm}]$
B	Lagerbreite	$[\mathrm{mm}]$
b	zweite Hauptachse der *Hertz*schen Kontaktellipse	$[\mathrm{mm}]$
C	dynamische Tragzahl des Lagers	$[\mathrm{N}]$
C_0	statische Tragzahl nach [INA10]	$[\mathrm{N}]$
c_λ	Profil des Wälzköpers, Reduzierung des Radius vom Nennradius	$[\mathrm{mm}]$
$D\delta_i$	Verschiebungsgeschwindigkeit	$[\mathrm{mm\,s^{-1}}]$
d_s	Durchmesser der Dichtlippengegenlauffläche für das Reibmodell [SKF06]	$[\mathrm{mm}]$
D_a	Lageraußendurchmesser	$[\mathrm{mm}]$
d_i	Lagerinnendurchmesser	$[\mathrm{mm}]$
D_w	Durchmesser der Wälzkörper	$[\mathrm{mm}]$

D_{pw} Teilkreisdurchmesser, auf dem die Wälzkörper abrollen; dieser entspricht dem Mittelpunkt der Wälzkörper im unbelasteten Zustand des Lagers [mm]

D_{Sensor} radialer Abstand der axialen Abstandssensoren im Wälzlagerprüfstand [mm]

E Elastizitätsmodul [MPa]

e_M relative Abweichung des Reibmoments in Messung und Simulation [1]

e_s relative Abweichung der Relativverschiebung zwischen den Ringen in Messung und Simulation [1]

E_{red} reduzierter Elastizitätsmodul [MPa]

f_0 drehzahlabhängiger Lagerreibbeiwert für Reibmomentenberechnung nach [INA10] [1]

f_1 drehzahlunabhängiger Lagerreibbeiwert für Reibmomentenberechnung nach [INA10] [1]

F_K Zwangskraft am Käfig [N]

F_{av} axiale Vorspannung des Lagers [N]

F_{ax} axiale Lagerkraft [N]

F_g Gleitreibungskraft [N]

$F_{K,i}$ Normalkraft am Wälzkörper i auf den Käfigsteg [N]

F_{rad} radiale Lagerkraft [N]

F_r Rollreibungskraft [N]

$F_{Steg,i}$ Gleitreibkraft am Wälzkörper i am Käfigsteg [N]

G Werkstoffparameter im EHD-Kontakt [1]

$G_{ax,i}$ axiales Betriebslagerspiel an der Position des Wälzkörpers i [mm]

G_{ax} axiale Verformung des Wälzkörpers i [mm]

$g_{j,k}$ abstandsabhängige Gewichtung des Lasteinflusses im AST-Modell [1]

$G_{rad,i}$ radiales Betriebslagerspiel an der Position des Wälzkörpers i [mm]

G_{rad} radiale Verformung des Wälzkörpers i [mm]

G_{rr} Rollreibungsgrundwert im Reibmodell [SKF06] [Nmm]

G_{sl} Gleitreibungsgrundwert im Reibmodell [SKF06] [Nmm]

H	Spalthöhenparameter im EHD-Kontakt	[1]
h	Schmierspalthöhe	[mm]
H_{min}	normierte minimale Schmierspalthöhe	[1]
H_{min}^{v+}	minimale Schmierspalthöhe bei positiver Verdrängungsströmung	[1]
H_{min}^{v-}	minimale Schmierspalthöhe bei negativer Verdrängungsströmung	[1]
h_{nom}	nominelle Spalthöhe	[mm]
J_K	Ersatzträgheitsmoment für Käfig und Wälzkörper in Umfangsrichtung	[N]
K	Verhältnis der beiden Halbachsen a und b	[1]
k	Scheibenzahl zur Berechnung der Normalkräfte am Wälzkörper	[1]
K_1	elastischer Parameter im Kontakt	[MPa^{-1}]
K_{S1}	Beiwert für die Lagerart im Reibmodell [SKF06]	[1]
K_{S2}	Beiwert für die Lager- und Dichtungsart im Reibmodell [SKF06]	[1]
K_L	Designbeiwert zur Berechnung der Strömungsverluste im Reibmodell [SKF06]	[1]
K_Z	Designbeiwert zur Berechnung der Strömungsverluste im Reibmodell [SKF06]	[1]
K_g	Gleitreibungsanteil des Modells nach *Bartels*	[kg s^{-1}]
K_{roll}	Rollreibbeiwert für Wälzlager im Reibmodell [SKF06]	[1]
K_{rs}	Beiwert für die Art der Schmierung im Reibmodell [SKF06]	[1]
l_{eff}	effektive Berührlänge eines Wälzkörpers (Kantenlänge abzüglich Verrundung) [mm]	
l_s	Spaltlänge	[mm]
M	elliptisches Integral erster Art	[1]
M_0	drehzahlabhängiges Reibmoment nach [INA10]	[Nmm]
M_1	lastabhängiges Reibmoment nach [INA10]	[Nmm]
M_{drag}	Reibmoment bedingt durch Strömungs-, Plansch- oder Spritzverluste im Reibmodell [SKF06] (bei Ölbadschmierung)	[Nmm]
$M_{R,Steg,i}$	Bremsmoment am Wälzkörper i durch Stegreibung	[Nmm]
M_{rr}	Rollreibmoment im Reibmodell [SKF06]	[Nmm]
M_{seal}	Reibmoment von Berührungsdichtungen im Reibmodell [SKF06]	[Nmm]

M_{sl}	Gleitreibmoment im Reibmodell [SKF06]	[Nmm]
N	elliptisches Integral zweiter Art	[1]
n	Drehzahl	[min^{-1}]
n_B	Bezugsdrehzahl zur Berechnung der thermischen Grenzdrehzahl, (Lagerkenngröße)	[min^{-1}]
p	Druck	[bar]
$p(x,y)$	Flächenpressung in der Druckellipse nach *Hertz*	[MPa]
P_0	statisch äquivalente Belastung nach [INA10]	[N]
P_1	dynamisch äquivalente Belastung nach [INA10]	[N]
P_1	äquivalente Lagerbelastung	[N]
p_0	maximaler Flächendruck im *Hertz*schen Kontak	[MPa]
Q	Normallast im Kontakt	[N]
q_λ	Scheibenlast der Scheibe λ	[N]
R	Krümmungsradius	[mm]
r_0	Abstand der Krümmungsmittelpunkte der Laufbahnen; entspricht dem Wälzkörperradius D_w multipliziert mit der mittleren Schmiegung im Lager	[mm]
r_a	Radius der Rille am Außenring eines Kugellagers	[mm]
r_i	Radius der Rille am Innenring eines Kugellagers	[mm]
r_u, r_v, r_g	Übergangskoeffizienten nach *Moes*	[1]
R_ξ	Balligkeit eines Zylinderrollenlagers	[mm]
R_{aussen}	Radius zur Kontaktzone zwischen Wälzkörper und Außenring	[mm]
$R_{I,x}$	Ersatzkrümmungsradius in x-Richtung	[mm]
$R_{I,y}$	Ersatzkrümmungsradius in y-Richtung	[mm]
R_{innen}	Radius zur Kontaktzone zwischen Wälzkörper und Innenring	[mm]
S	gewichtete Einflussmatrix im AST-Modell nach Teutsch	[1]
s	Nachgiebigkeit pro Scheibe im AST-Modell	[mm N^{-1}]
s_u, s_v, s_r, s_g	Übergangskoeffizienten nach *Moes*	[1]
$s_{ax,i}$	axiale Verschiebung des Wälzkörpers i	[mm]

$s_{rad,i}$	radiale Verschiebung des Wälzkörpers i	[mm]
U	Schleppströmungsparameter im EHD-Kontakt	[1]
u_i	Tangentialgeschwindigkeit im Kontakt	$[\mathrm{mm\,s^{-1}}]$
u_g	Gleitgeschwindigkeit	$[\mathrm{mm\,s^{-1}}]$
u_m	mittlere Tangentialströmungsgeschwindigkeit	$[\mathrm{mm\,s^{-1}}]$
V	Verdrängungsströmungsparameter	[1]
v_i	Normalgeschwindigkeit im Kontakt	$[\mathrm{mm\,s^{-1}}]$
V_M	Ölbadwiderstandsvariable im Reibmodell [SKF06]	[1]
v_m	Verdrängungsströmungsgeschwindigkeit	$[\mathrm{mm\,s^{-1}}]$
W	Belastungsparameter im EHD-Kontakt	[1]
w_λ	Scheibenbreite der Scheibe λ	[mm]
W_v	normierter Tragkraftanteil aus Verdrängungsströmung	[1]
W_u	normierter Tragkraftanteil aus Schleppströmung	[1]
X	Radialfaktor für äquivalente Belastung P_1	[1]
x_{oben}	Abstand des oberen Axialsensors von der Messscheibe	[mm]
x_{unten}	Abstand des unteren Axialsensors von der Messscheibe	[mm]
Y	Axialfaktor für äquivalente Belastung P_1	[1]
z	Anzahl der Wälzkörper im Lager	[1]

Abkürzungsverzeichnis

AMM	Agilent Measurement Manager
CAD	Computer Aided Design
csv	Comma Separated Values, ein Dateiformat für ASCII-Daten
DMS	Dehnungsmessstreifen
EHD	Elasto-Hydrodynamisch
FEM	Finite-Elemente-Methode
FVA	Forschungsvereinigung Antriebstechnik
GfT	Gesellschaft für Tribologie
mnf	Modal Neutral File-Format, ein Dateiformat für modal reduzierte Körper

Danksagung

Die vorliegende Arbeit entstand während meiner Tätigkeit als wissenschaftlicher Mitarbeiter am Institut für Technische Mechanik, Bereich Dynamik/Mechatronik des Karlsruher Instituts für Technologie (KIT).

Ein herzliches Dankeschön gilt meinem Doktorvater Prof. Dr.-Ing. Wolfgang Seemann für die wissenschaftliche Betreuung der Arbeit. Er förderte meine fachliche und persönliche Entwicklung in vielen Gesprächen – oft auch spät nachts. Außerdem ermöglichte er mir, die Ergebnisse der Arbeit in Experimenten zu validieren. Ich bin darüber hinaus sehr dankbar für die Möglichkeit, nach Auslaufen meines Promotionsprojekts am Institut in der Lehre mitzuarbeiten und so wertvolle Erfahrungen zu sammeln.
Prof. Dr.-Ing. Bernd Sauer danke ich für die Übernahme des Korreferats und seine konstruktiven Hinweise, welche die Arbeit abrundeten. Prof. Dr.-Ing. Sven Matthiesen danke ich für die Übernahme des Vorsitzes des Prüfungsausschusses.
Großer Dank gilt Prof. Dr.-Ing. Dr. h.c. Jörg Wauer, der – insbesondere in meiner Anfangszeit am Institut – meine Arbeit sehr stark unterstützt hat.
Während meiner Zeit am Institut hatte ich die Gelegenheit zu einem dreimonatigen Forschungsaufenthalt an der Purdue University, West Lafayette (IN), USA, der vom Karlsruhe House of Young Scientists (KHYS) gefördert wurde. Prof. Charles M. Krousgrill danke ich für den interessanten und lehrreichen Forschungsaufenthalt an seinem Institut, bei dem er mich intensiv betreut hat.

Allen Mitarbeitern des Bereichs Dynamik/Mechatronik danke ich für die kollegiale Atmosphäre und die Unterstützung meiner Forschungsarbeiten. Besonderer Dank gilt hierbei Aydin Boyaci sowie meinen Bürokollegen Nantawatana Weerayuth, Christian Wetzel und Heike Vogt, mit denen ich stundenlang Probleme diskutieren konnte.
Darüber hinaus danke ich Günther Stelzner und Christian Simonidis für die Lösung meiner zahlreichen Probleme mit Hard- und Software. Hartmut Hetzler danke ich für die Diskussionen und fruchtbare Zusammenarbeit bei gemeinsamen Projekten sowie die spannende Diplomarbeit. Rainer Keppler danke ich für seine stets aufmunternden Worte.

Des Weiteren gilt mein herzlicher Dank meinen studentischen Mitarbeitern. Ausdrücklich erwähnen möchte ich die Leistung von David Bücheler, Nils-Henning Framke, Tristan Schlögl, Benedikt Riepe und Radwan El Daoud, ohne deren hohe Motivation und Arbeitsleistung die Validierung des Simulationsmodells nicht durchführbar gewesen wäre.
Darüber hinaus möchte ich meinen Studien- und Diplomarbeitern für ihre Arbeit und Diskussionsbereitschaft danken, die mich häufig zu neuen Erkenntnissen gebracht hat.
Bei experimentellen Arbeiten half mir die Werkstatt des ITM stets zügig und zuverlässig, obwohl Schwierigkeiten mit dem Prüfstand in der Regel unerwartet auftraten und

kurzfristig gelöst werden mussten. Darüber hinaus möchte ich mich bei allen Werkstattmitarbeitern von IWK1 und IPEK bedanken, die zum Gelingen der Experimente beigetragen haben.

Ein besonderes Dankeschön richte ich an Andreas Fischer vom Institut für Sport und Sportwissenschaft, der Experimente zur Validierung von Simulationen bei Stoßvorgängen mit der Hochgeschwindigkeitskameraausrüstung seines Instituts aufnahm und analysierte.

Prof. Dr.-Ing. habil. Michael Riemer danke ich für das nach ihm benannte Seminar, das das Arbeiten sehr erleichtert hat. Darüber hinaus konnte ich in den vorbereitenden Gesprächen mit ihm viel über die Optimierung von Prozessen lernen.

Die Verantwortlichen bei der Robert-Bosch GmbH, Henning Oest, Stephan Rink, Markus Hinterkausen und Thomas Mährle gaben das Thema der Arbeit vor. Ihre Hilfe – insbesondere bei den handwerklichen Dingen der Arbeit – hat die Arbeit maßgeblich geprägt.

Meinen Eltern danke ich für die Ermöglichung des Studiums und die stete Unterstützung während meiner Ausbildungszeit.
Mein größter und herzlichster Dank gilt aber meiner Frau Sabrina, die für meine Promotion oft auf mich verzichten musste.

Karlsruhe, den 11. April 2011
Felix Fritz

1 Einleitung

1.1 Motivation und Thema der Arbeit

Maschinenbau ist in der heutigen Zeit geprägt von einem hohen Kostendruck.
Eine Möglichkeit zur Reduktion von Entwicklungskosten ist der Einsatz von Simulationsmodellen als Ersatz für Experimente an Prototypen. Da der Bau von Prototypen zeit- und kostenaufwendig ist, können dadurch hohe Einsparungen erzielt werden. Darüber hinaus bieten Simulationsmodelle den Vorteil, dass Parameter des Modells ohne großen Aufwand verändert und so gezielt optimiert werden können.

Die Erstellung von Simulationsmodellen von Maschinen ist dann besonders einfach, wenn bereits vorhandene Modelldaten genutzt werden können. Daher werden Bauteilgeometrien mit Hilfe von Konstruktionsdaten aus Computer Aided Design (CAD)-Modellen in FEM- und Mehrkörperdynamik-Simulationsprogrammen direkt importiert, um virtuelle Prototypen zu modellieren. Die so entstandenen Bauteile besitzen bei bekannter Dichte somit bereits alle benötigten Masse- und Trägheitseigenschaften.
Zur Untersuchung des mechanischen Systemverhaltens müssen die importierten Bauteile noch durch Bindungen verknüpft werden, welche die Wechselwirkungen zwischen den einzelnen Elementen beschreiben. Diese Wechselwirkungen hängen von der Art des Maschinenelementes ab, in dem sie auftreten. So lassen sich für bestimmte Typen von Maschinenelementen wie zum Beispiel Kontakte, Getriebe oder Lager jeweils ähnliche Wirkungen feststellen. Es ist daher sinnvoll, für diese Elementtypen jeweils ein sogenanntes generisches Maschinenelement zu definieren. Generische Maschinenelemente bilden die mechanischen Eigenschaften eines realen Maschinenelementes in Form eines physikalischen Modells ab. Mit ihrer Hilfe lässt sich ein Simulationsmodell einer Gesamtmaschine – wie bei einem Baukasten – aus Körpern und Elementen zusammensetzen, sodass die Zeit, die für die Modellierung benötigt wird, sehr gering ist.

Ein typisches Maschinenelement in rotierenden Maschinen sind Wälzlager. Ein Wälzlager lässt sich als dynamische Kopplung zwischen stehenden und rotierenden Bauteilen beschreiben. Je nach Drehwinkel, Drehzahl und Belastung schwanken Steifigkeit sowie Dämpfungs- und Reibverluste im Lager. Die Rotation der Welle bewirkt somit zeitveränderliche Eigenschaften des Systems. Dies kann zu parametererregten Schwingungen des Lagers und somit auch der Gesamtmaschine führen. Wälzlager besitzen eine nichtlineare Steifigkeitskennlinie, die sich bei spielbehafteten Lagern zusätzlich durch kraftfreie Freiflugphasen einer gelagerten Welle auswirken kann. Darüber hinaus sind Wälzlager häufig lebensdauerbegrenzende Bauteile in rotierenden Maschinen, da ihr Ausfall in der Regel einen Totalausfall der Maschine hervorruft.

Aufgrund der großen Bedeutung von Wälzlagern für das dynamische Verhalten und die Lebensdauer einer Maschine soll ihr mechanisches Verhalten in dieser Arbeit näher untersucht werden.

1.2 Stand der Forschung

Im Folgenden wird zunächst der aktuelle Stand der Forschung bezüglich Wälzlagern dargestellt, um aufbauend auf den bereits vorhandenen Erkenntnissen ein geeignetes Modell ihrer Dynamik zu entwickeln, das eine verbesserte Auslegung von Maschinen ermöglicht.

1.2.1 Wälzlagertechnik

Da Wälzlager bereits im 18. Jahrhundert eingesetzt wurden (siehe z.B. [Bet06]), ist die technische Entwicklung der Lager heute sehr weit fortgeschritten.
Wälzlager sind Maschinenelemente, die in vielen Maschinen verbaut werden. Um eine hohe Austausch- und Verfügbarkeit zu sichern, haben die meisten Bauformen Aufnahme in Normen gefunden. Diese Normen spezifizieren die Außenabmessungen [Arb95a, Arb95b]. Dadurch ist die Auswahl eines Lagertyps aus einem breiten Herstellerangebot für Standardlager möglich, die den jeweiligen Hauptkatalogen der Hersteller wie FAG/INA [FAG06], SKF [SKF06], NSK [NSK10] oder Timken [Tim10] entnommen werden können. Diese Kataloge stehen nicht nur in Papierform sondern oft auch als elektronischer Katalog zur Verfügung [INA10, SKF10]. Mit den elektronischen Katalogen ist eine komfortable Auswahl der Lager möglich, da die Lager nicht nur nach Bauform, sondern auch nach dem Einsatzzweck oder dem verfügbaren Bauraum aufgeführt werden können.
Die Geometrie der Laufbahnen, Wälzkörper, Borde und des Käfigs wird als Innengeometrie des Lagers bezeichnet. Die Innengeometrie bestimmt die Kontaktsituation zwischen Wälzkörper und Ring und hat daher maßgeblichen Einfluss auf die mechanischen Eigenschaften des Lagers. Da sie nicht der Normierung unterliegt, besteht auch bei standardisierten Lagern die Möglichkeit, die Leistungsfähigkeit der Lager im Rahmen der Norm zu verbessern (siehe z.B. [SKF04, FAG07, INA07]). Die Innengeometrie beeinflusst Tragfähigkeit und Herstellungskosten sehr stark; daher stellt sie ein wichtiges Merkmal im Wettbewerb dar. Ihre genauen Spezifikationen unterliegen somit der Geheimhaltung der Lagerhersteller. Lediglich das ungefähre Profil der Wälzkörper ist bekannt (siehe z.B. [Reu91]).
Einen Überblick über Aufbau und Verwendung von Wälzlagern geben *Hampp* [Ham71], *Dahlke* [Dah94], *Conti* [Con63], *Harris* [HK07b] sowie *Brändlein, Eschmann, Weigand* und *Hasbargen* [Brä98]. In diesen Büchern wird auch die konkrete Auslegung von Lagerstellen in Maschinen beschrieben. Einen stärkeren Fokus auf die konstruktive Umsetzung von Lagerstellen haben die Bücher von *Bartz* [Bar85] und *Muhs* [MWJV05]. Dort werden die verschiedenen Einflüsse auf Lagerstellen dargelegt und eine Auslegung von Lagerstellen gemäß dem Stand der Technik erläutert. Die Auslegung der Lagerstellen wird auch in der Norm DIN ISO 281 [Din07] beschrieben.

1.2.2 Steifigkeit und Dämpfung von Wälzlagern

Im 19. Jahrhundert entwickelt Heinrich *Hertz* in [Her82] seine Theorie über die Berührung kugelförmiger, elastischer Körper. Da die Körper sich im unverformten Zustand nur in einem Punkt berühren, wird diese Kontaktsituation als Punktkontakt bezeichnet. *Palmgren* adaptiert diese Theorie in [Pal50] zur Anwendung in Kugellagern. *Föppl* und *Huber* können in [FH41] nachweisen, dass die *Hertz*sche Theorie für Kugellager anwendbar ist, obwohl nicht alle Voraussetzungen der *Hertz*schen Theorie – insbesondere die Reibungsfreiheit in der Kontaktzone – erfüllt sind.[1]

Die *Hertz*sche Theorie ist in nahezu allen in der Fachliteratur nachgewiesenen mechanischen Modellen von Kugellagern die Grundlage der Berechnungen der Lagersteifigkeit, da sie eine schnelle Abschätzung der Kräfte im Kontakt von Wälzkörpern und Laufbahn ermöglicht. Sie stellt eine analytische Lösung zur Verfügung; allerdings existiert keine Lösung mit elementaren Funktionen. Daher muss für die Lösung entweder numerisch integriert oder eine Integraltabelle verwendet werden. Da beides vergleichsweise aufwendig ist, wurden unter anderem von *Grekoussis* und *Michailidis* in [GM81] sowie *Hamrock* und *Brewe* in [HB83] Näherungslösungen entwickelt, die eine Berechnung der Kontaktkräfte aus dem *Hertz*schen Modell mit geringerem Aufwand ermöglichen.

Die *Hertz*sche Theorie kann nur für punktförmige Kontakte (z.B. in Kugellagern) angewendet werden. Daher erweitern *Lundberg* [Lun39] und *Kunert* [Kun61] die Gleichungen auf elliptische Kontaktflächen, bei denen eine Halbachse sehr viel größer ist als die andere. Ziel dieser Arbeiten ist, die Kontaktkräfte in Lagern mit annähernd zylinderförmigen Wälzkörpern zu berechnen. Da sich diese Kontakte im unverformten Zustand nicht in einem Punkt sondern einer Linie berühren, spricht man von Linienkontakt.

Die Berechnung der Kräfte im Wälzkontakt wird in der Norm DIN ISO 281 [Din07] zusammengefasst. Neben der händischen Berechnung der Kräfte finden sich in Beiblatt 4 [DIN03, Cor06] Modelle zur Berechnung von Punkt- und Linienkontakten mit Hilfe von Algorithmen. Für Linienkontakte teilt das Modell der Norm den Wälzkörper in scheibenförmige Teilelemente, für die jeweils die rückstellenden Kräfte berechnet werden (siehe Abschnitt 4.2.6).

Neuere Modelle zur Berechnung der Kräfte im Linienkontakt erlauben die effiziente Berechnung der Wälzkörperbelastung bei allgemeiner Kontaktgeometrie (siehe z.B. [Hou01a, Hou01b, ST05a, ST05b]).

Die zuvor erläuterten Modelle werden zur Berechnung des dynamischen Verhaltens von Wälzlagern häufig angewendet, da sie bei geringem Berechnungsaufwand für Reaktionskraft und Ring- bzw. Wälzkörperverschiebung ausreichend genaue Ergebnisse liefern. Für hochbelastete Lager und zur Optimierung der Lagergeometrie werden allerdings andere Modelle verwendet, die den Spannungsverlauf am Wälzkörper und damit den dreidimensionalen Charakter der Kontaktsituation berücksichtigen:
So stellen *Conry* und *Seireg* in [CS71] eine Methode zur numerischen Berechnung der

---

[1] Weitere Quellen zu experimentellen Nachweisen der Gültigkeit der *Hertz*schen Theorie finden sich bei *Eschmann* [Esc64, S. 33].

Kräfte in einer allgemein geformten Kontaktstelle vor. Dieser Ansatz wird von *Singh* und *Paul* in [SP74] fortgeführt. Diese Algorithmen werden von *Ahmadi* [AKM83] und *Tripp* [Tri85] aufgegriffen und weiterentwickelt. Da allein die Normalkräfte betrachtet werden, ist der wichtigste Unterschied zwischen den einzelnen Modellen der Algorithmus, mit dem die Fläche ermittelt wird, die im Kontakt steht.

Unabhängig von diesen Betrachtungen entwickelt *Reusner* in [Reu77] eine Theorie zur Berechnung der Belastungen von Wälzkörpern mit Hilfe der Halbraumtheorie. Reusners Arbeit hat historische Bedeutung, da sie die Wälzkörperinnengeometrie von Zylinderrollenlagern nachhaltig verändert hat. Sie führte zum Übergang von zylindrisch balligen Profilen zum modernen logarithmischen Wälzlagerprofil (siehe [Reu91]).

Die bisher vorgestellten Modelle vernachlässigen den Einfluss der Tangentialkräfte hervorgerufen durch Reibung auf die Kontaktnormalkraft. *Kalker* führt diese in [Kal90] ein, stellt aber bei kleinen Reibungskoeffizienten, die aufgrund der Schmierung im Lager zu erwarten sind, keinen wesentlichen Einfluss auf die Normalkräfte fest.

Der Einfluss des Schmiermittels auf die Kontaktnormalkräfte wird mit Hilfe der Elastohydrodynamischen Theorie untersucht. Dabei werden Linienkontakte (z.B. [DW65]) und Punktkontakte (z.B. [HD76, HD81]) betrachtet. Einen Überblick über den Forschungsstand der elastohydrodynamischen Theorie geben *Schouten* und *van Leeuwen* in [SV95] sowie *Wisniewski* in [Wis00]. Es zeigt sich, dass für die Lagersteifigkeit der Einfluss des Schmierspaltes vernachlässigbar gering ist. Für die maximale Werkstoffbelastung im Wälzkörper – und somit die Lebensdauer – hat er aber eine Bedeutung.

Der Schmierfilm hat darüber hinaus vor allem auf die Lagerdämpfung eine starke Auswirkung. So untersucht *Klumpers* in [Klu80] die Dämpfung verschiedener Typen von Wälzlagern durch aufwendige Versuchsreihen. *Ophey* berechnet in [Oph86] Steifigkeit und Dämpfung für Schrägkugellager. Zur Berechnung der Dämpfung verwendet er ein FEM-Modell des Ölspaltes. Anschließend gleicht er die Ergebnisse mit Experimenten ab.

Mit den bisher betrachteten Modellen ist die Berechnung einer Normalkraft aus der Verformung (und umgekehrt) am einzelnen Wälzkörper möglich. Bei Linienkontakt kann zusätzlich ein Moment gegen Verkippen berechnet werden. Da meist die Lagerverschiebung bei gegebener Belastung interessiert, geben *Harris* und *Kotzalas* in [HK07b] ebenso wie *Brändlein*, *Eschmann*, *Weigand* und *Hasbargen* in [Brä98] die Kraft im Lager anhand eines Lastverteilungswinkels ψ im Lager an. Dieser Winkel wird darüber bestimmt, in welchem Winkel entlang des Umfangs die Wälzkörper beim Abrollen unter Belastung stehen. Abhängig von Belastung und Spiel lässt sich dieser Winkel abschätzen. Meist ist der Winkel aber nur ungenau bekannt, sodass in vielen Fällen mit einem konstanten Lastverteilungswinkel von bis zu $180°$ gerechnet wird.

Dietl führt die Erkenntnisse dieser und weiterer Autoren zusammen, um in [Die97] die Berechnung linearer Feder- und Dämpferkoeffizienten bei vorgegebener Vorspannung für Lager zu bestimmen. Ab einer Mindestbelastung betrachtet er die Lager als lineare Feder-Dämpfer-Elemente.

Bei der Berechnung der Kontaktkräfte wird in der Regel von einem quasi-statischen Zustand ausgegangen. Trägheitswirkungen werden nicht berücksichtigt, was für niedrige

Drehzahlen zulässig ist. Für Lager mit einer hohen Umfangsgeschwindigkeit der Wälzkörper führt *Harris* in [HK07a] Fliehkräfte ein, die Kontaktwinkel und -kräfte von Kugellagern bei großen Drehzahlen stark beeinflussen.

1.2.3 Reibmoment von Wälzlagern

Stribeck untersuchte bereits 1901 das Reibverhalten von Gleit- und Wälzlagern in [Str01]. Er trägt den Reibungskoeffizienten aus dem *Coulomb*schen Reibgesetz [Cou85] über der Relativgeschwindigkeit auf. Ein solches Diagramm wird daher heute Stribeckkurve genannt.

Palmgren untersucht wie Stribeck das Reibmoment von Kugellagern. In [Pal57] trennt er das Reibmoment in zwei Anteile auf, die jeweils von einer Einflussgröße maßgeblich bestimmt werden: Einerseits in einen Summanden abhängig von der Drehzahl, andererseits in einen lastabhängigen Summanden (siehe Kapitel 5). *Kunert* bestimmt bei seinen Experimenten in [Kun64] zusätzlich die Abhängigkeit des Reibmomentes vom Druckwinkel der Kugeln.

Dieses phänomenologische Modell wurde von den Wälzlagerherstellern in den letzten Jahren weiterentwickelt. Dadurch bieten die Modelle der Hersteller FAG und SKF Lagerbeiwerte, die an die aktuelle Lagergeometrie angepasst sind. Das Modell nach FAG in [INA10] unterscheidet sich von dem Modell von Palmgren formal nur durch einen zusätzlichen Summanden für axial belastete Zylinderrollenlager. Der Hersteller SKF entwickelt in [Esp06] das Modell deutlich weiter, indem er als zusätzliche Einflüsse die Schmierstoffversorgung und -verdrängung berücksichtigt, ebenso wie die Reibung an Dichtungen.[1]

Neben der phänomenologischen Betrachtung des Gesamtlagers mit Lagerbeiwerten ist auch die Berechnung des Wälzlagerreibmoments aus der Modellierung mit Einzelkontakten möglich. *Snare* formuliert in [Sna67a, Sna67b, Sna67c, Sna67d] das Lagerreibmoment infolge von Rollen, Gleiten und der Verformung der Wälzkörper. Die zu dieser Zeit weitgehend unbekannte Elastohydrodynamik bleibt dabei unberücksichtigt. *Stößel* untersucht dazu in [Stö71] die Rollreibungskoeffizienten an hochbelasteten Wälzkörpern mit Linienkontakt unter elastohydrodynamischen Bedingungen an einem Zweischeibenprüfstand. *Archard* behandelt in [AB75] diese Kontaktsituation mit Hilfe der elastohydrodynamischen Theorie. *Hirst* und *Moore* beschäftigen sich mit dem Temperatureinfluss auf den Reibungskoeffizienten in [HM80]. *Gentle* und *Pasdari* messen in [GP85] die Gleitreibungszahlen am Käfig und in den Taschen. Sie stellen dabei fest, dass die Reibung in den Taschen nicht vernachlässigbar ist.

Steinert fasst in [Ste95] die Reibbeiwerte verschiedener Anteile (Festkörperreibung, hydrodynamische und elastohydrodynamische Reibung) zu einer sprungfreien Lösung für einen breiten Einsatzbereich zusammen. Für Linienkontakte führt *Bartels* in [Bar97] die Reibungsbeiwerte der Arbeiten von *Archard* und *Baglin* sowie *van Schouten* und weiterer Autoren in der selben Art zusammen (siehe Abschnitt 5.3).

---

[1]Detaillierte Informationen zu den Modellen der Hersteller FAG/INA und SKF finden sich in den Abschnitten 5.1 und 5.2.

Die bisher vorgestellten Arbeiten betrachten als Schmiermedium Öl. Zur Berechnung der Reibung bei Schmierung mit Fetten, wie sie in Wälzlagern häufig vorkommt, wird meist die Annahme getroffen, das Fett verhalte sich wie eine ideale Schmiermenge des Grundöls (z.B. [Teu05, INA10]). Die Eigenschaften des Verdickers werden dabei vernachlässigt.

Baly untersucht mit Experimenten in [Bal05] wie sich die Reibung im Lager unter Fettschmierung verhält. Dadurch kann er die Koeffizienten des phänomenologischen Modells für Fettschmierung verbessern. *Couronné* bestimmt in [CVM$^+$03] das tribologische Verhalten von Schmierfetten. *Cann* konzentriert sich in [Can07] insbesondere auf den Einfluss des Verdickers auf die Fettschmierung in EHD-Kontakten. Die drei Autoren kommen zu dem Schluss, dass der Verdicker im Fett für die Reibungsberechnung einen wesentlichen Einfluss unter bestimmten Kontaktsituationen hat. Aus ihrer Sicht kann daher Fettschmierung nicht als Minimalmengenschmierung mit dem verwendeten Grundöl betrachtet werden.

1.2.4 Wälzlager als dynamisches Maschinenelement in der Simulation

In den vorangegangenen Abschnitten wurden Untersuchungen vorgestellt, die Wälzlager als einzelne Bauteile betrachten, um ihr Betriebsverhalten zu optimieren. Neben der Analyse des einzelnen Bauteils ist vor allem der Einfluss von Wälzlagern auf das Verhalten rotierender Maschinen interessant.

In Lehrbüchern zur Maschinendynamik werden Wälzlager durch starre Lager (Lavalrotor, z.B. [GNP02]) oder lineare Feder mit vom Arbeitspunkt abhängiger Steifigkeit ([Ehr04, DH05]) angenähert. In [Dre01] werden Wälzlager als nichtlineare Feder mit progressiver Kennlinie für das Gesamtlager betrachtet. Diese Modellierung kommt der Steifigkeit eines Lagers mit wenig schwankender Belastung im vorgesehenen Bereich bei niedrigen Drehzahlen schon sehr nahe. Vernachlässigt wird lediglich die vom Drehwinkel abhängige Steifigkeit, die für viele Anwendungen keine Bedeutung hat.

Detaillierter als diese Minimalmodelle untersucht *Lim* in einer Artikelserie verschiedene Wälzlager mit einer linearen Kennlinie [LS90a] als Element einer Gesamtmaschine mit flexibler Welle und zwei Lagerstellen [LS90b]. Er betrachtet die Lager als Übertragungselement in Getrieben [LS91], untersucht die Energieverteilung [LS92] und leitet schließlich eine Steifigkeitsmatrix für die Lagerstelle ab [LS94], die in Gesamtmaschinenmodellen verwendet werden kann.

Breuer vergleicht in [Bre94] verschiedene nichtlineare Lagermodelle mit Experimenten. Die Ergebnisse dieser Arbeit dienen als Grundlage der Berechnungssoftware LAGER der Forschungsvereinigung Antriebstechnik (FVA). *Sjö* betrachtet in [Sjö96] Grundlagen eines Simulationsmodells für Reibung und Normalkräfte in Wälzlagern. Er baut ein Gesamtmodell mit linearisierten Lagerkräften an allen Wälzkörpern auf, das sowohl Steifigkeit als auch Dämpfung berücksichtigt.

Zur Betrachtung der Lagerdynamik wurden neben den Minimalmodellen detaillierte Modelle entwickelt. Aufgrund der großen Leistungsfähigkeit heutiger Computer können alle Wälzkörper jeweils mit mehreren Freiheitsgraden berücksichtigt werden.

So erstellt *Gupta* in [Gup84] ein komplexes Modell unter Berücksichtigung von Käfig- und

Laufbahnkontakten, das er ADORE (Advanced Dynamics of Rolling Elements) nennt. Dieses Modell berücksichtigt Steifigkeit, Dämpfung und Reibung des Lagers.

Potthoff, *Raphael* und *Hansberg* beschreiben in [Pot86, Rap89, Han91] ein ebenes Modell für Zylinderrollenlager, das in der Simulation von Planetengetrieben eingesetzt wird. Dieses Modell benutzt die Elastohydrodynamische Theorie zur Berechnung von Normalkräften und Reibung. Durch Verwendung von Kennfeldern kann die Berechnung mit niedrigem Rechenaufwand durchgeführt werden. Allerdings liefert es keine Informationen über den Einfluss der Verkippung auf die Lagerbelastung.

Der Hersteller SKF formuliert sein Modell BEAST (BEAring Simulation Tool) mit Hilfe von Mehrkörperdynamikalgorithmen. Das Modell betrachtet Kontakte an allen Wälzkörpern, um die Lagerdynamik zu berechnen. Das Modell wird in [SFN99] aufgestellt und in [SF01, SFR02] mit Experimenten verglichen. Es berücksichtigt Kräfte beruhend auf Steifigkeit, Dämpfung und Reibung im EHD-Kontakt.

Der Wälzlagerhersteller FAG/INA verwendet verschiedene Berechnungsprogramme. In [Sar02] wird das Programm CABA3D vorgestellt. Dieses Modell dient der Simulation sämtlicher Wälzlagerarten. Es verwendet eine dreidimensionale Kinematik und berechnet sämtliche Bewegungs- und Kraftgrößen. BEARINX, ebenfalls ein Programm des Herstellers FAG/INA, wird von Vesselinov in [Ves03] entwickelt. Das Modell berücksichtigt neben dem nichtlinearen elastischen Federungsverhalten der Lager die Elastizität von Wellen und Achsen. Das Modell existiert auch als Benutzerelement für die Mehrkörperumgebungen MSC.ADAMS und SIMPACK [Deg09], sodass es dort als generisches Maschinenmodell verwendet werden kann.

Beiden Modellen der Lagerhersteller ist gemein, dass sie nicht frei verfügbar sind und existierende Publikationen die zugrunde liegenden Bewegungsgleichungen nicht beschreiben. Dadurch ist schwer abschätzbar, wo die physikalischen Grenzen des Modells liegen.

Oest beschreibt in [Oes04] ein Modell für Kugellager, das er BEARING3D nennt. Dieses Modell benutzt eine dreidimensionale Lagerkinematik. Es werden kinematische Annahmen für die Bewegung der Wälzkörper getroffen, um die Anzahl der Freiheitsgrade zu reduzieren. Das Modell ist aufgrund der geringen Zahl der Freiheitsgrade numerisch effizient, kann die Kräfte in Zylinderrollenlagern aber nicht abbilden. Darüber hinaus bestehen geringe Fehler in der Beschreibung der Kinematik der Wälzkörper, die in bestimmten Lagen der Ringe zu falschen Ergebnissen oder zum Abbruch der Simulation aufgrund von Singularitäten führen.

Sauer, *Teutsch* und *Hahn* führen in [ST05a, ST05b, Teu05, Hah05] ein komplexes Mehrkörpermodell ein. Dazu formulieren sie Normal- und Tangentialkräfte in den Kontaktstellen und modellieren das Wälzlager mit einzelnen Körpern, die jeweils über Kontaktkräfte miteinander verknüpft werden, in einer kommerziellen Mehrkörperumgebung. Dieses Modell beschreibt die Lagerdynamik sehr genau und ist für verschiedene Lagertypen leicht anpassbar. Es benötigt aber aufgrund der großen Zahl an Freiheitsgraden und der aufwendigen Kontaktberechnung eine hohe Rechenzeit bei komplexen Maschinenbauarten.

Predki und *Koch* simulieren in [PK06] Zylinderrollenlager bei voller Bewegungsfreiheit der Wälzkörper. Grundlage des Kontaktmodells ist die Berechnung der Steifigkeit nach *Reusner*. Ziel hier ist die Untersuchung der Belastungen, um Festigkeitsnachweise für das Lager zu führen. Entsprechend werden Reibung und Trägheitskräfte nicht berücksichtigt.

Es werden sehr viele Kontakte an Laufbahnen, Borden und Käfig berechnet, sodass die Rechenzeit ebenfalls hoch ist.

1.3 Ziel der Arbeit

Betrachtet man den Forschungsstand, so zeigt sich, dass sich die vorhandenen Modelle in zwei Arten unterteilen lassen:
Auf der einen Seite stehen Modelle, die einen Teilaspekt des Lagers wie Steifigkeit, Reibungsverluste oder die Schwingungsanregung betrachten. Sie treffen Aussagen zu diesem Aspekt unabhängig von einer eventuellen Rückwirkung des Lagers auf das dynamische Verhalten der restlichen Maschinenteile. Dadurch ist die Analyse von Gesamtmaschinen nur durch sequentielle Verwendung verschiedener Modelle möglich, indem Ergebnisse vorangegangener Berechnungen schrittweise eingesetzt werden.
Auf der anderen Seite gibt es Modelle, die das Lager als Teil einer Maschine betrachten. Neben der Lagersteifigkeit berücksichtigen sie häufig weitere Aspekte des Lagers. Diese Modelle gehen zur Berechnung der Lasten in der Regel von den Kontaktzonen jedes einzelnen Wälzkörpers aus. Sie besitzen somit sehr viele Freiheitsgrade. Die Ergebnisse sind daher sehr detailliert (z.B. durch Bereitstellung von Linien- und Flächenlasten an jedem einzelnen Wälzkörper) und bieten einen hohen Informationsgehalt über das Lagerverhalten. Grundsätzlich sind diese Modelle geeignet, die Dynamik von Gesamtmaschinen zu untersuchen.
Der Rechenaufwand für diese Modelle ist aufgrund der großen Detailtiefe allerdings sehr hoch. Umfassende Gesamtmaschinenmodelle (beispielsweise für Windenergieanlagen), die mit vielen Wälzlagern aufgebaut sind, können mit diesen Modellen nur nach sehr langer Simulationszeit oder gar nicht berechnet werden. Dadurch sind umfassende Parameterstudien für Gesamtmaschinen mit ihrer Hilfe nur mit großem Rechenaufwand oder garnicht möglich.

Ziel dieser Arbeit ist daher, ein Wälzlagermodell zu entwickeln, das die für die Maschinendynamik bedeutenden Aspekte Steifigkeit, Dämpfung und Reibungsverluste in einem Modell integriert. Das Modell soll dabei numerisch effizient arbeiten, um dynamische Simulationen auch von Maschinenmodellen mit vielen Bauteilen in angemessener Zeit zu ermöglichen. Die Rechenzeit muss so gering sein, dass Parameterstudien an Simulationsmodellen von Gesamtmaschinen durchgeführt werden können.
Für die beiden grundlegenden Kontaktfälle in Wälzlagern – Punktkontakt und Linienkontakt – soll jeweils das Lagermodell einer exemplarisch ausgewählten Bauart erstellt werden, das die Rückstellkräfte bei Verkippung oder Verschiebung der Laufringe abbildet. Darüber hinaus soll dieses Modell die durch Reibungsverluste hervorgerufenen Momente im Lager abbilden.

Um einen schnellen Aufbau virtueller Prototypen von Gesamtmaschinen zu gewährleisten, soll die Simulation des Wälzlagers als generisches Maschinenmodell für eine kommerzielle Simulationsumgebung durchgeführt werden.

Da darüber hinaus die Verwendung des Modells auch in weiteren Softwarepaketen vorgesehen ist, ist das physikalische Modell weitestgehend unabhängig vom verwendeten kommerziellen Simulationspaket zu implementieren. Daher ist das Modell in einer weit verbreiteten Programmiersprache zu programmieren.

Zur Sicherung der Ergebnisgüte ist das erstellte Lagermodell durch Abgleich mit Experimenten zu validieren.

1.4 Aufbau der Arbeit

Zum Erreichen des in Abschnitt 1.3 genannten Ziels wird folgendermaßen vorgegangen: In den ersten fünf Kapiteln der Arbeit werden die verwendeten physikalischen und technischen Grundlagen vorgestellt, die zum Aufbau des Simulationsmodells benötigt werden. In den restlichen Kapiteln wird die Güte des Simulationsmodells durch Vergleich mit Experimenten und weiteren Simulationen untersucht und bewertet.

In Kapitel 2 werden die Grundlagen erläutert, die zum Aufbau des Simulationsmodells notwendig sind. Dazu werden in Abschnitt 2.1 zunächst Funktion und Aufbau von Wälzlagern im Allgemeinen dargelegt. Darüber hinaus wird ein kurzer Überblick über verschiedene Bauformen von Wälzlagern und deren Eigenschaften gegeben. In Abschnitt 2.2 wird erklärt, wie die physikalischen Modellgleichungen als eine Kombination aus FORTRAN-Programmcode und MSC.ADAMS-Elementen implementiert werden.
In Kapitel 3 wird die Kinematik des erstellten Wälzlagermodells erläutert. Dazu wird zunächst in Abschnitt 3.1 gezeigt, wie Position und Geschwindigkeit der im Mehrkörpersimulationsprogramm vorhandenen Laufringe bestimmt werden. Daraufhin werden in Abschnitt 3.2 die Annahmen beschrieben, die dem Kinematikmodell des Wälzlagers zugrunde liegen. Mit Hilfe dieser Kinematik wird in Abschnitt 3.3 die Geschwindigkeit der Wälzkörper relativ zu den Laufbahnen ermittelt.
Kapitel 4 schildert die Modellierung der Normalkräfte am Wälzkörper. Zunächst wird in Abschnitt 4.1 die Modellierung von Kontakten nach Heinrich *Hertz* für punktförmige Kontakte formuliert. Diese Kontakte können zur Beschreibung von Rillenkugellagern angewendet werden. Neben der *Hertz*schen Theorie wird eine einfache Berechnungsmethodik für die Kräfte aus den Verformungen beschrieben.
In Abschnitt 4.2 wird die Berechnung der Rückstellkräfte resultierend aus elastischer Verformung linienförmiger Kontakte gezeigt. Diese wird im Modell zur Formulierung von Zylinderrollenlagern verwendet. Es werden ein Modell mit zweidimensionaler Diskretisierung der Kontaktfläche (Abschnitt 4.2.1) und entlang der Kontaktlinie diskretisierte Modelle mit (Abschnitte 4.2.5, 4.2.6) und ohne Abhängigkeit (Abschnitt 4.2.3) von den Nachbarscheiben vorgestellt. Diese werden als Scheibenmodelle bezeichnet. Darüber hinaus wird die Beschreibung der Kontakte in konzentrierter Form als Kräfte und Momente (Abschnitte 4.2.2, 4.2.4) ohne Diskretisierung gezeigt. Das Kapitel endet in Abschnitt 4.3 mit der Beschreibung der Einbindung dieser Kraftgesetze in das Wälzlagermodell.
Kapitel 5 beschreibt die Modellierung der Reibungsverluste im Wälzlager. Dazu werden zunächst die phänomenologischen Modelle der Hersteller FAG (Abschnitt 5.1) und SKF

(Abschnitt 5.2) erläutert. Diese berechnen das Reibmoment im Lager in Abhängigkeit von der Gesamtlagerkraft sowie der Drehzahl. Im Gegensatz dazu wird in Abschnitt 5.3 ein Modell für die Lagerreibung präsentiert, das anhand der Normalkraft am einzelnen Wälzkörper sowie den Relativgeschwindigkeiten zwischen Wälzkörpern und Ringen die Gesamtreibung des Lagers berechnet. Dazu werden die maßgeblichen Roll- und Gleitreibungskräfte in den Kontakten zwischen Wälzkörper und Käfig bzw. Laufbahn berechnet. Anschließend werden die entstehenden Kräfte zu einem Lagergesamtreibmoment summiert.

Das Ergebnis der Modellierung wird im Weiteren auf Gültigkeit und Güte überprüft.
Kapitel 6 schildert die Experimente zur Validierung des in Kapitel 3 bis Kapitel 5 formulierten Modells. Zunächst wird in Abschnitt 6.1 der Aufbau des Prüfstandes und die verwendete Messtechnik erläutert, die die Messdaten speichert. Anschließend werden in Abschnitt 6.2 die durchgeführten Messungen beschrieben. Um die Messergebnisse mit den Simulationsmodellen der Wälzlager zu vergleichen, wird in Abschnitt 6.3 ein Simulationsmodell des Prüfstands aufgebaut. Anschließend werden die Mess- und Simulationsergebnisse in Abschnitt 6.4 zusammengeführt und verglichen.
Kapitel 7 bewertet die Modellgüte der Lagersimulationsmodelle. Zunächst wird in Abschnitt 7.1 das physikalische Modell für Radial- und Verkippsteifigkeit sowie das Reibmoment auf Übereinstimmung mit den Messungen am Prüfstand verglichen. Anschließend wird in Abschnitt 7.2 die benötigte Rechenzeit der implementierten Modelle untersucht. Abschnitt 7.3 erläutert die Grenzen des Modells, die sich aus der verwendeten physikalischen und geometrischen Annahmen ergeben.
Die Arbeit schließt mit einer Zusammenfassung und einem Ausblick auf offen gebliebene Fragen in Kapitel 8.

2 Grundlagen des Simulationsmodells

Im Folgenden wird zunächst die Funktionsweise und der Aufbau von Wälzlagern beschrieben. Wichtige Bauformen werden vorgestellt und die Festlegung ihrer Geometrie erläutert. Anschließend wird die Grundstruktur des Simulationsmodells und seines Programmcodes erklärt.

2.1 Funktion und Aufbau von Wälzlagern

Die Funktion von Wälzlagern besteht in der Abstützung drehender Bauteile gegen eine ruhende Umgebung mit möglichst geringer Reibung. Spezifisch für Wälzlager ist im Gegensatz zu Gleitlagern, dass diese Funktion durch das Abrollen von Wälzkörpern auf Laufbahnen erreicht wird. Wälzlager übertragen somit Kräfte zwischen bewegten Bauteilen und führen sie [BG01, S. G80].

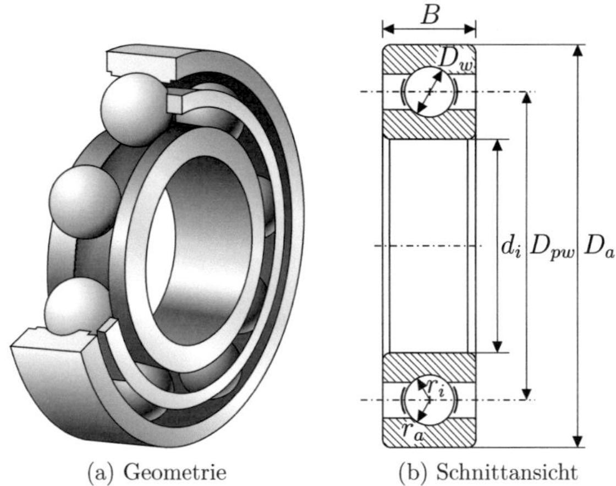

(a) Geometrie   (b) Schnittansicht

Abbildung 2.1: Rillenkugellager

Gemeinsam ist allen Wälzlagern dabei, dass sie aus zwei Laufringen sowie einem Satz von Wälzkörpern bestehen. Darüber hinaus besitzen die meisten Lager einen Käfig. Die Aufgabe des Käfigs ist, die Wälzkörper in gleichbleibendem Abstand zueinander zu halten. Die Belastung des Lagers würde ansonsten ein Weiterrollen der Wälzkörper verhindern und zu einem Anstauen der Wälzkörper im Einlaufbereich der Belastungszone führen.

Wälzlager werden gemäß der Form ihrer Wälzkörper bezeichnet.

Der bekannteste Lagertyp ist das *Rillenkugellager* (siehe Abbildung 2.1a). Das einreihige Rillenkugellager besteht aus zwei mit je einer Rille versehenen Laufringen (Innen- und Außenring), die die Wälzkörper führen. Der Rillenradius r_a am Außenring bzw. r_i am Innenring (siehe Abbildung 2.1b) ist etwas größer als der Radius der Kugeln (Durchmesser D_w), sodass die Kontaktfläche auch bei Belastung klein bleibt [Con63, S. 21]. Aus der Abrollkinematik ergibt sich dann der Durchmesser D_{pw}, der den Teilkreisdurchmesser angibt, auf dem sich die Wälzkörpermittelpunkte beim Abrollen bewegen. Für den Einbau des Lager sind darüber hinaus Bohrungsdurchmesser d_i und Außendurchmesser D_a (siehe Abbildung 2.1b) sowie die Lagerbreite B von Bedeutung.

Das Rillenkugellager kann sowohl radiale als auch in begrenztem Maße axiale Kräfte aufnehmen. Es ist somit vielfältig einsetzbar. Aufgrund seiner universellen Eignung hat es gemäß Abbildung 2.6 einen Anteil von knapp 50% am gesamten Verkaufsvolumen in Deutschland. Durch die hohen Stückzahlen sind seine Beschaffungskosten darüber hinaus sehr niedrig.

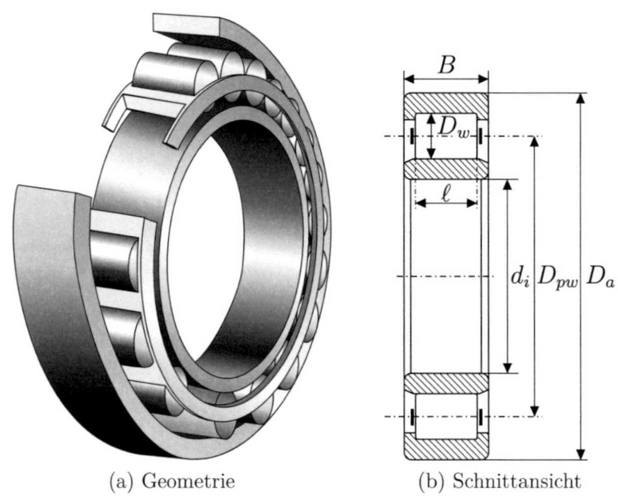

(a) Geometrie   (b) Schnittansicht

Abbildung 2.2: Zylinderrollenlager

Eine zweite wichtige Lagerbauform sind *Zylinderrollenlager* (siehe Abbildung 2.2a). Zylinderrollenlager schließen einen Satz zylindrischer Rollen zwischen ebenen Laufbahnen der Ringe ein. Die Laufbahnen sind parallel zur Rotationsachse des Lagers orientiert. Die Rollkörper werden durch Borde an mindestens einem der Lagerringe axial geführt.

In der Regel sind Zylinderrollenlager durch Auseinanderschieben von Ringen und Wälzkörpersatz in axiale Richtung zerlegbar. Nur in wenigen Fällen (bei Lagern mit Borden an Außen- und Innenring) ist eine einfache Zerlegung nicht möglich. Aufgrund der axialen Verschiebbarkeit können Zylinderrollenlager in der Regel Kräfte nur in radialer Richtung aufnehmen. Da sie im Vergleich zum Rillenkugellager bei geringer Baugröße eine hohe radiale Tragfähigkeit besitzen, werden sie oft als Loslager eingesetzt (siehe [Brä98, 11ff.]).

Um die Tragfähigkeit weiter zu erhöhen, können vollrollige Lager eingesetzt werden. Vollrollige Lager besitzen keinen Käfig. Im Vergleich zu Lagern mit Käfig befinden sich dadurch mehr Wälzkörper im Lager, wodurch eine größere Tragfähigkeit erreicht wird. Allerdings

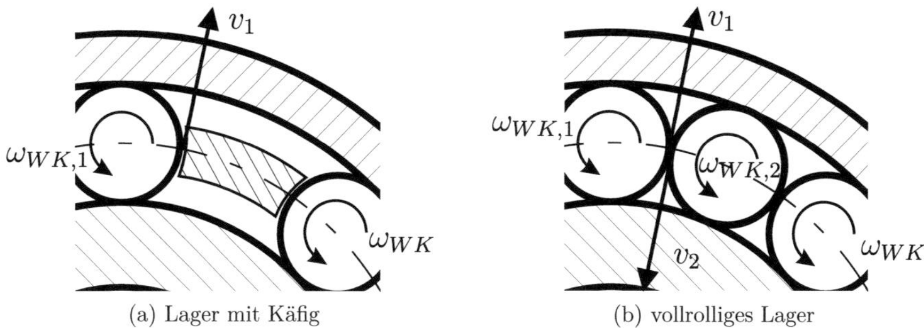

(a) Lager mit Käfig

(b) vollrolliges Lager

Abbildung 2.3: Kontaktgeschwindigkeit am Wälzkörper

gleiten durch den fehlenden Käfig die Wälzkörper direkt aufeinander ab. Dadurch verdoppelt sich die Relativgeschwindigkeit der Wälzkörper im Kontakt (siehe Abbildung 2.3). Aufgrund der erhöhten Gleitgeschwindigkeiten erhöhen sich die Reibungsverluste des Lagers deutlich. Daher sind vollrollige Lager weit weniger verbreitet als Lager mit Käfig.

Ist das Verhältnis von Länge ℓ zu Durchmesser D_w der Rolle besonders groß, so spricht man von *Nadellagern*. Zusammen haben Zylinderrollen- und Nadellager gemäß [KBN⁺86, S. 68] einen Anteil von ca. 35% am Verkaufsvolumen in Deutschland.

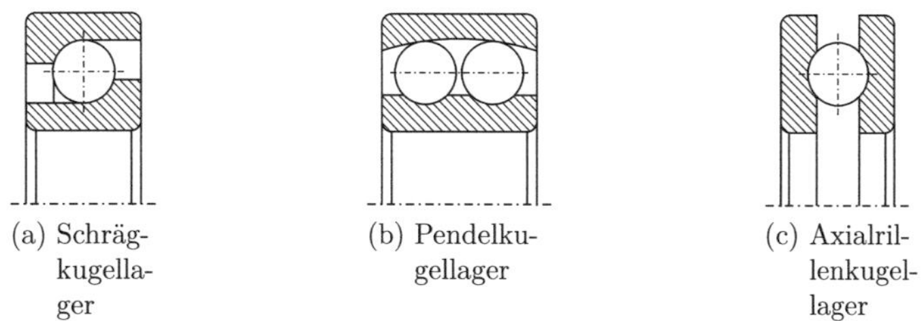

(a) Schräg-
kugella-
ger

(b) Pendelku-
gellager

(c) Axialril-
lenkugel-
lager

Abbildung 2.4: Weitere Kugellagerbauformen

Bei der Vielfalt an rotierenden Maschinen, unterscheiden sich die Anforderungen an die Lagerung stark. Daher wurden unterschiedliche Bauformen von Wälzlagern entwickelt. Die Geometrie wurde sowohl als Variation von Kugellagern (siehe Abbildung 2.4) als auch von Zylinderrollenlagern (siehe Abbildung 2.5) an benötigte Eigenschaften angepasst.
Durch eine modifizierte Lagergeometrie können bei Schrägkugellagern (Abbildung 2.4a)

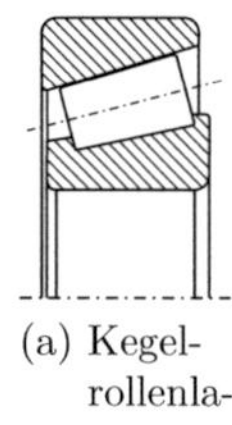

(a) Kegel-
rollenla-
ger

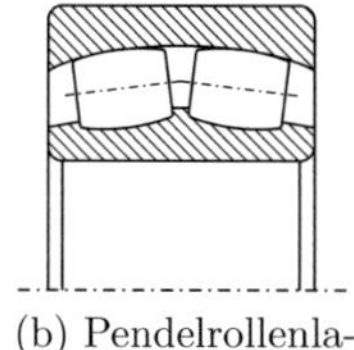

(b) Pendelrollenla-
ger

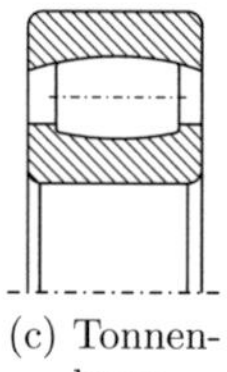

(c) Tonnen-
lager

Abbildung 2.5: weitere Rollenlagerbauformen

und Kegelrollenlagern (Abbildung 2.5a) kombinierte Lasten mit größerem axialen Anteil aufgenommen werden. Durch Verwendung von Axiallagern (Abbildung 2.4c) können auch rein axiale Lasten übertragen werden.

Um Probleme durch Fluchtungsfehler zu vermeiden, ist bei Pendelkugellagern (Abbildung 2.4b), Pendelrollenlagern (Abbildung 2.5b) und Tonnenlagern (Abbildung 2.5c) die Wälzkörperform abgerundet. Durch die abgerundete Geometrie wird eine Verkippung des Lagers ermöglicht, sodass die Lager in gewissem Umfang keinen Widerstand gegen Verkippung leisten.

Neben diesen meistverbauten Bauformen gibt es noch unzählige weitere Lagerformen, deren Geometrie an spezielle Belastungssituationen angepasst wurde.

Im Rahmen dieser Arbeit werden die klassischen Rillenkugel- (siehe Abbildung 2.1) und Zylinderrollenlager (siehe Abbildung 2.2) betrachtet, da sie die beiden Grundtypen von Wälzlagern mit Punkt- beziehungsweise Linienkontakt darstellen. Zu der Gruppe der Zylinderrollenlager zählen auch die Nadellager, die sich für das physikalische Modell nur durch das Aspektverhältnis von Durchmesser zu Wälzkörperlänge unterscheiden. Das Verkaufsvolumen dieser drei Arten von Lagern entspricht gemäß Abbildung 2.6 einem Anteil von knapp 84% der in Deutschland verkauften Wälzlager.

Zusätzlich zur Unterscheidung gemäß der Wälzkörpergeometrie können Wälzlager aufgrund bestimmter Eigenschaften in verschiedene Typen unterteilt werden (siehe [MWJV05]):

Abhängig von der Richtung der Lagerbelastung spricht man von *Radiallager*n, falls die Kräfte hauptsächlich in Radialrichtung aufgenommen werden, oder *Axiallager*n, falls dies in axialer Richtung geschieht.

Falls das Lager zusätzlich zur Hauptbelastungsrichtung noch ähnlich große Kräfte in die dazu senkrechte Richtung aufnehmen kann, so wird dieses als *Festlager* bezeichnet. Können Kräfte nur in eine Richtung abgestützt werden, so spricht man von einem *Stützlager*. Bewegt sich das Lager senkrecht zur Belastungsrichtung frei, so wird es *Loslager* genannt. Zusätzlich kann aufgrund der Montagemöglichkeiten zwischen *geteilten, ungeteilten* und *zerlegbaren* Lagern unterschieden werden.

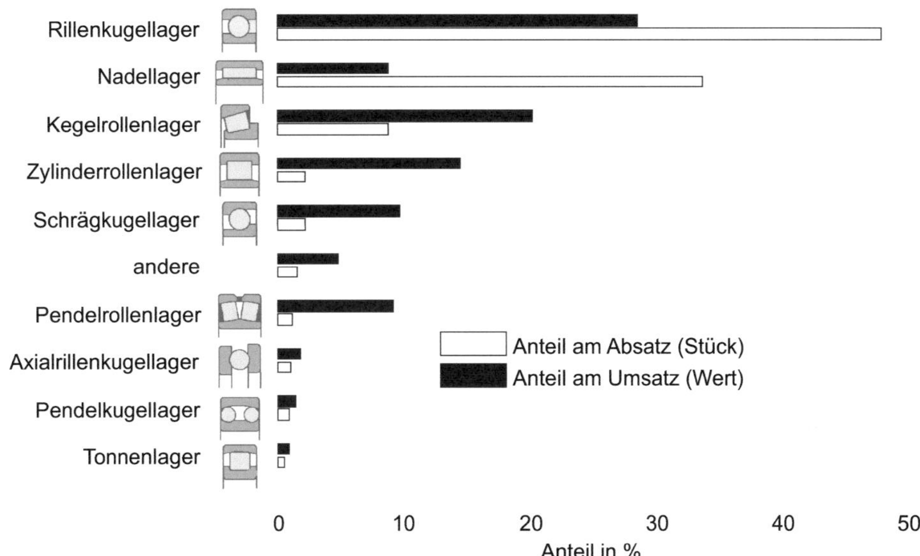

Abbildung 2.6: Anteil verschiedener Wälzlagerbauarten am Gesamtbedarf in der Bundes-republik nach [KBN[+]86, S. 68]

2.2 Aufbau des Simulationsmodells

Die Modellbildung der Wälzlager erfolgt in der Mehrkörpersimulationssoftware MSC.ADAMS. Die Berechnung der Lagerkräfte wird im Wesentlichen innerhalb einer benutzerdefinierten FORTRAN-Routine durchgeführt. Diese wird für Rillenkugellager im Folgenden als BEARING3D VX und für Zylinderrollenlager als NEEDLE3D VX bezeichnet. In den Subroutinen werden Position und Orientierung der Wälzkörper berechnet sowie deren Verformung an den Ringen bestimmt. Wie in Abbildung 2.7 zu erkennen ist, werden nur Innen- und Außenring des Wälzlagers als *Rigid Body*, also starrer Körper, in MSC.ADAMS selbst abgebildet. Die gesamte Innengeometrie des Lagers – also die Geometrie von Käfig und Wälzkörper – wird ausschließlich innerhalb der FORTRAN-Routinen modelliert.

Die Einbindung von BEARING3D VX und NEEDLE3D VX in MSC.ADAMS erfolgt als FORTRAN-Bibliothek in einem *General Force*-Element. Dieses *General Force*-Element kann Kräfte und Momente um jeweils alle drei Achsen zwischen zwei Körpern aufbringen. Es wird mit Innen- und Außenring verbunden. Der Kraftangriffspunkt ist an beiden Ringen in der aktuellen Position des Aussenringmittelpunktes zum Simulationszeitpunkt. Innerhalb des Kraftelements werden die berechneten Kräfte jeweils in Koordinaten des Außenrings dargestellt.

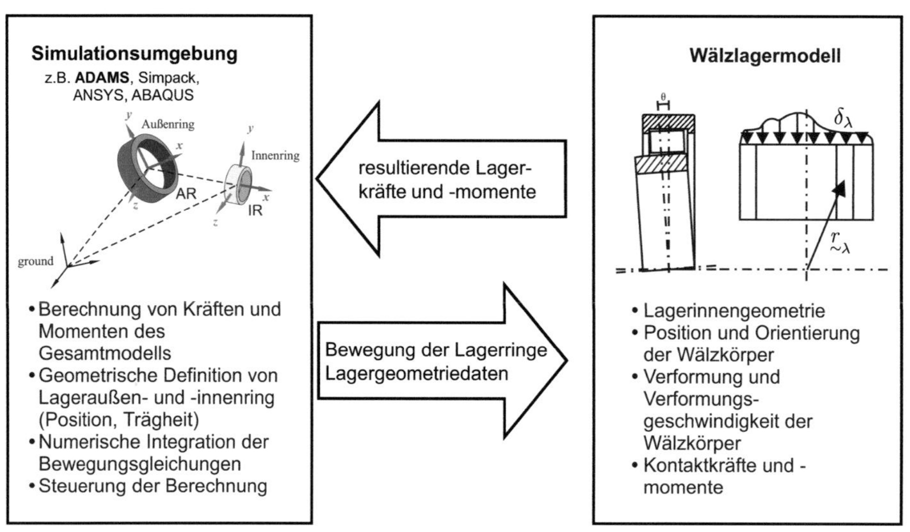

Abbildung 2.7: Verteilung der Aufgaben im Simulationsmodell

Die benutzerdefinierten FORTRAN-Routinen bestehen aus sehr vielen Zeilen Quellcode. Um die Weiterentwicklung und Wartbarkeit der Routinen zu sichern, wurden sie daher modular gemäß Abbildung 2.8 programmiert. Diese Module definieren Schnittstellen für die Übergabe von Variablen zwischen den Routinen, sodass ein hohes Maß an Übersichtlichkeit und Datensicherheit innerhalb von BEARING3D VX und NEEDLE3D VX gewährleistet ist (siehe z.B. [BGA94]).

Der Großteil der programmierten Routinen ist von der kommerziellen Simulationsumgebung unabhängig und kann somit mit einer beliebigen Simulationssoftware verwendet werden. Die von der Simulationssoftware unabhängigen Routinen sind in Abbildung 2.8 weiß unterlegt. Dies sind:

- `Bearing3D_VX_Master`/`Needle3D_VX_Master` steuert den Berechnungsablauf und die Datenflüsse zwischen den einzelnen Programmmodulen. Diese Subroutine wird von `Bearing3D_VX_Interface`/`Needle3D_VX_Interface` aufgerufen, die vom Softwarepaket direkt abhängt.

- `Bearing3D_VX_Disp`/`Needle3D_VX_DISP` bestimmt die Verformung und die lastabhängigen Parameter für den *Hertz*schen Kontakt der einzelnen Wälzkörper.

- `Bearing3D_VX_Vel`/`Needle3D_VX_Vel` berechnet die Wälzkörper- und Verformungsgeschwindigkeiten.

- `Bearing3D_VX_Hertz`/`Needle3D_VX_Reaction` nutzt die Wälzkörperverformungen und -verformungsgeschwindigkeiten, um eine resultierende Lagerschnittkraft und ein resultierendes Lagerschnittmoment zu bestimmen.

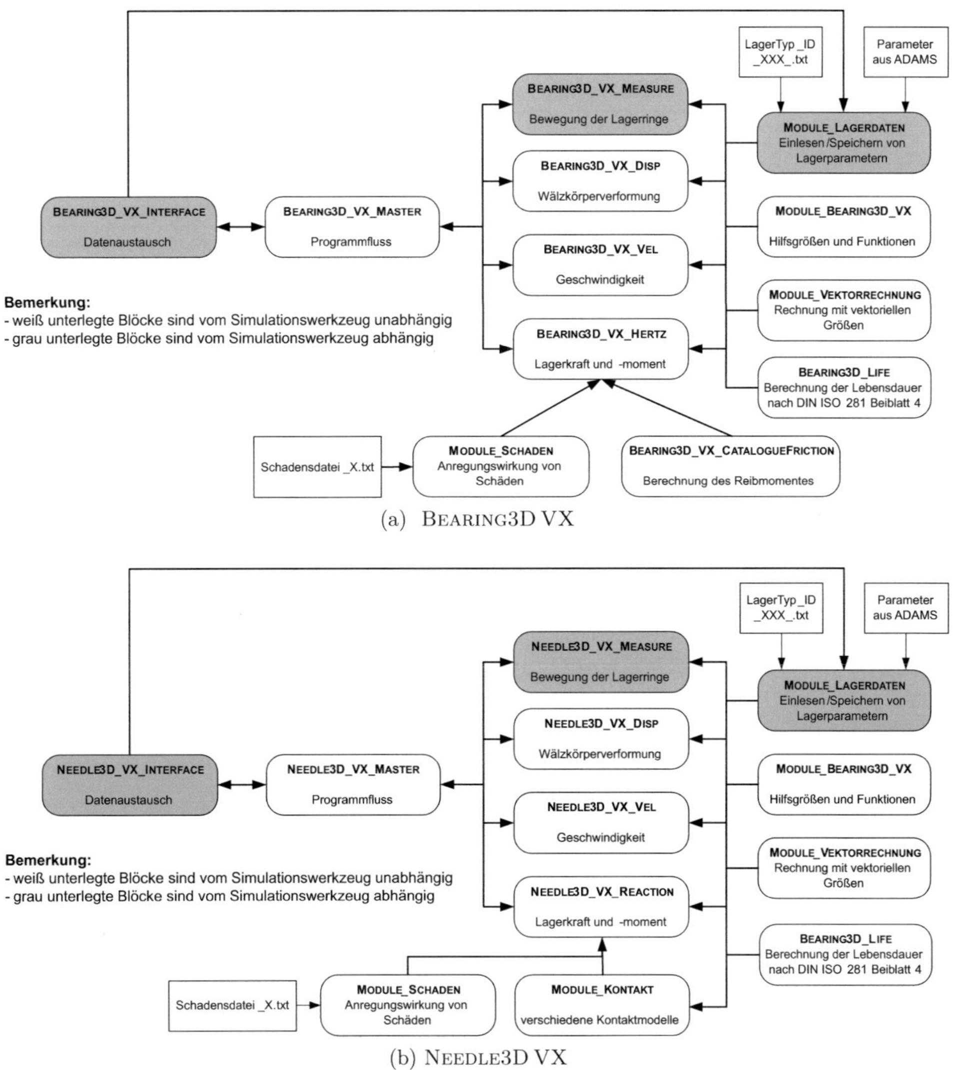

(a) BEARING3D VX

(b) NEEDLE3D VX

Abbildung 2.8: Datenfluss zwischen den Subroutinen

- `Bearing3D_VX_Life`/`Needle3D_VX_Life` trifft eine Aussage über die Ermüdungslebensdauer nach DIN ISO 281/4 mit Hilfe der berechneten Belastung des Lagers.

Neben den direkt ausgeführten Routinen gibt es noch einige Klassen, die jeweils für bestimmte Zwecke sowohl Funktionen als auch Objekte zur Verfügung stellen. In FORTRAN werden Klassen als Modul (`Module`) bezeichnet. Der Vorteil von Modulen liegt darin, dass die in ihnen gespeicherten Daten nur innerhalb des Moduls zur Verfügung stehen und somit vor ungewollter Manipulation geschützt sind, da die Daten nur durch Modulfunktionen verändert werden können. Es ist ebenfalls möglich, Funktionen zu überladen, also Ihnen abhängig vom Datentyp, auf den sie angewendet werden, verschiedene Operationen zuzuweisen (siehe [Aki03]). In BEARING3D VX und NEEDLE3D VX werden die folgenden `Module` genutzt:

- Das `Module_Bearing3D_VX` stellt Hilfsvariablen und -funktionen zur Verfügung, die für Berechnungen mathematischer Funktionen benötigt werden, die in FORTRAN nicht standardmäßig mitgeliefert werden. In diesem Modul existiert beispielsweise eine Berechnung des Arcustangens, der zwei Argumente verarbeitet, um so den richtigen Quadranten der Tangensfunktion auszuwählen.

- Das `Module_Kontakt` stellt verschiedene Kontaktmodelle für Steifigkeit, Dämpfung und Reibung bei Zylinderrollenlagern zur Verfügung. Das Modul bietet unterschiedliche Algorithmen zur Berechnung der Kräfte in Linienkontakten für NEEDLE3D VX. Neben der eigentlichen Lastberechnung finden sich im Modul Hilfsfunktionen, wie beispielsweise die Unterteilung eines Wälzkörpers in eine bestimmte Anzahl an Scheiben oder die Lösung linearer algebraischer Gleichungssysteme.

- Das `Module_Schaden` dient der Berechnung der Auswirkung von Lagerschäden auf die Lagerkräfte. Mit seiner Hilfe kann eine Fehlerdatei eingelesen werden, in der die Position am Umfang von Ring oder Wälzkörper sowie die Stärke der Beschädigung des Lagers angegeben sind. Eine Anregung der Lagerbeweung durch Schäden an Wälzkörper, Außen- oder Innenring kann so abgebildet werden.

- Das `Module_Vektorrechnung` ist eine Klasse für den Datentyp `Vektor`, der eine 1×3-Spaltenmatrix abbildet. Standardoperationen der Vektorrechnung (Addition, Skalarprodukt, Kreuzprodukt, 2-Norm) stehen für diesen Datentyp als einfache Operatoren zur Verfügung. Darüber hinaus werden Typkonversionen von `Arrays` des Typs `Double Precision` zum neuen Datentyp und zurück bereitgestellt.

Alle Module werden für BEARING3D VX und NEEDLE3D VX gemeinsam genutzt. Dadurch entfällt das mehrfache Implementieren des gemeinsam genutzten Programmcodes. Neben diesen von der Simulationsumgebung unabhängigen Routinen gibt es noch drei weitere, die teilweise direkt von der verwendeten Simulationsumgebung abhängen. Diese sind in Abbildung 2.8 grau hinterlegt.

- `Bearing3D_VX_Interface`/`Needle3D_VX_Interface` ist die Routine, die direkt von der Simulationsumgebung aufgerufen wird. Sie übergibt die Berechnung nach einer Einheitenanpassung direkt an die `Master`-Routine.
  Zur Integration von BEARING3D VX bzw. NEEDLE3D VX in MSC.ADAMS ist die `Interface`-Routine eine *GFOSUB*-Routine. *GFOSUB*-Routinen definieren benutzerprogrammierte *General Force*-Elemente, also dreidimensionale Kraft- und Momentenwirkung. Die Form der Angabe von Eingabeparametern dieser Subroutine ist fest von MSC.ADAMS vorgegeben. Koordinaten und Angriffspunkt dieser Kräfte und Momente hängen von den *Marker*n ab, an die die benutzerdefinierte Kraft angeknüpft wurde, also den Ringmittelpunkten von Außen- und Innenring.

- `Bearing3D_VX_Measure`/`Needle3D_VX_Measure` liest in jedem Zeitschritt die Position und Lage der Ringe aus der Simulationssoftware ein. Diese stammen aus der räumlichen Bewegung der Lagerringe innerhalb des Gesamtmaschinenmodells in MSC.ADAMS.

- Das `Module_Lagerdaten` speichert alle Lagergeometrie- und Werkstoffdaten. Es ist weitestgehend von der verwendeten Simulationsumgebung unabhängig. Die charakteristischen Lagerdaten liest das Modul aus einer Datendatei, der *LagerTyp_ID*. In dieser werden die Geometrie- und Werkstoffdaten des Lagers gespeichert, die vom Lagerhersteller bei der Produktion festgelegt werden.
  Darüber hinaus übernimmt das Modul Daten, die als Parameter der *General Force* in MSC.ADAMS übergeben werden. Diese Daten entsprechen nutzerabhängigen Parametern wie z.B. der Ölviskosität im Lager oder dem Lagerspiel. Diese vom Konstrukteur der Maschine vorgegebenen Größen können somit bei Parameterstudien innerhalb von MSC.ADAMS variiert werden, ohne die Lagerdatendatei verändern zu müssen.

Eine Anpassung dieser drei Routinen an verschiedene Simulationsumgebungen ist einfach, da sie im Vergleich zum gesamten Quellcode nur einen sehr kleinen Umfang haben. Zudem ist durch sie die Schnittstelle zwischen der kommerziellen Mechaniksoftware und BEARING3D VX bzw. NEEDLE3D VX klar definiert. Somit können Änderungen am generischen Wälzlagermodell problemlos in andere Simulationsumgebungen portiert werden.

3 Modellierung der Wälzlagerkinematik

Aufbauend auf Arbeiten von *Oest* in [Oes04] und *Harris* in [HK07b], [HK07a] wird im Folgenden ein Kinematikmodell entwickelt, das die Berechnung der Wälzkörperbewegung mit geringem numerischen Aufwand ermöglicht.

Das Modell wird vektoriell in dem symbolischen Mehrkörperprogramm AutoLEV aufgestellt. Zur Berechnung der Koordinaten werden die Vektoren in Koordinaten des Außenrings dargestellt. Mit Hilfe der Richtungscosinus-Matrix erfolgt die symbolische Berechnung der Koordinaten der Vektoren dabei vollautomatisch (siehe [KL05]). Nach der Berechnung der Koordinaten in AutoLEV werden die Ergebnisse nach FORTRAN exportiert und in BEARING3D VX bzw. NEEDLE3D VX eingebaut.

3.1 Position der Ringe

Innen- und Außenring existieren in MSC.ADAMS als Starrkörper (*Rigid Body*). Ihre Trägheitseigenschaften sowie ihre Position stehen für die numerische Integration der Bewegungsgleichungen somit direkt zur Verfügung. Auf den beiden Ringen befindet sich im Schwerpunkt jeweils ein Koordinatensystem (*Marker*), dessen x-Achse in Richtung der Symmetrieachse des Rings zeigt. Die radialen Auslenkungen finden somit in y- und z-Richtung statt, die axialen in x-Richtung (siehe Abbildung 3.1).

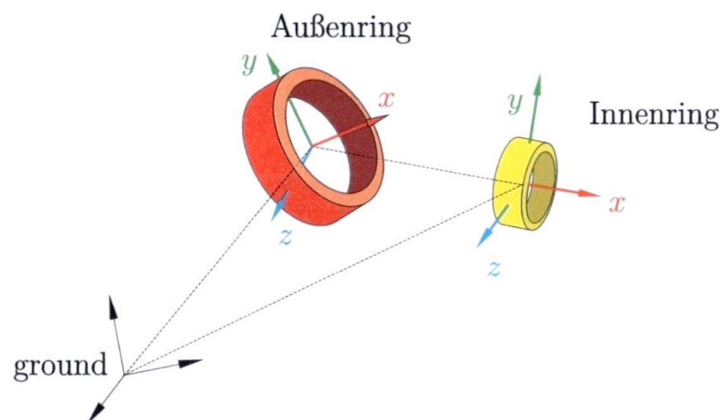

Abbildung 3.1: Koordinatensysteme in MSC.ADAMS

Die Kontaktkräfte zwischen Wälzkörpern und Ringen sowie die aus der Verformung der Körper resultierenden Kräfte werden als allgemeines Kraftelement mit jeweils dreiachsigem Kraft- und Momentenanteil (*General Force*) im Simulationsmodell abgebildet. Das Kraftelement greift an den geometrischen Mittelpunkten der zwei Ringe an. Kräfte und Momente der einzelnen Koordinatenrichtungen werden mit Hilfe der benutzerdefinierten

FORTRAN-Routinen aus Abschnitt 2.2 berechnet.

Innerhalb der Routinen wird die Position des Innenrings (IR) in Koordinaten des Außenrings (AR) beschrieben. Seine Verschiebung aus der Lage im unbelasteten Zustand wird von MSC.ADAMS an die FORTRAN-Routine als Spaltenmatrix $\underset{\sim}{s}$ in Koordinaten des Außenrings übergeben (siehe Abbildung 3.2a). Die Orientierung des Innenrings zum Außenring wird durch drei Eulerwinkel φ, ϑ, ψ bestimmt, die ebenfalls aus MSC.ADAMS übergeben werden.

Trägheitswirkungen am Wälzkörper aufgrund von Bewegungen des Lagerverbunds werden in diesem Modell nicht explizit berücksichtigt, da das Lager bei den vorgesehenen Anwendungsfällen ruht oder sich nur langsam bewegt. Die Beschreibung in Relativkoordinaten ist daher ausreichend zur Berechnung der Wälzkörperbewegung und der Lagerkräfte.

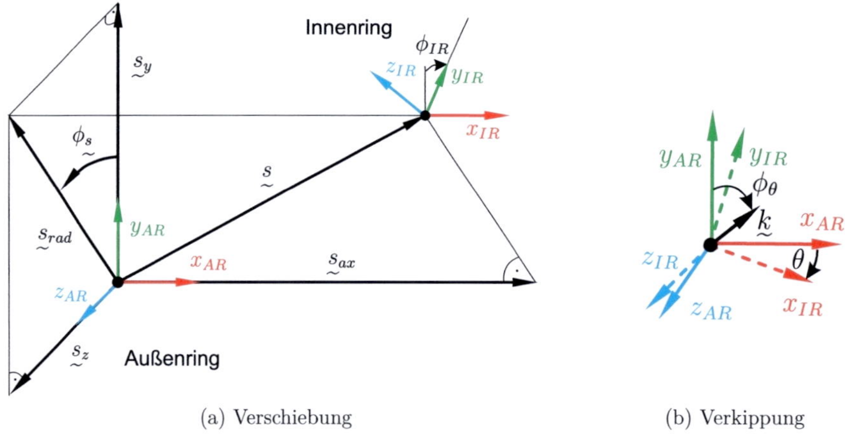

(a) Verschiebung

(b) Verkippung

Abbildung 3.2: Koordinatendarstellung innerhalb der FORTRAN-Subroutine

Die Verformung des Lagers lässt sich in einen radialen Anteil sowie einen axialen Anteil aufteilen. Die Richtung des radialen Anteils entspricht dabei Vektoren in der y, z-Ebene. Die Berechnung der Verschiebungen und Kräfte erfolgt in den Zylinderkoordinaten s_{rad}, $\phi_{\underset{\sim}{s}}$, s_{ax} gemäß Abbildung 3.2a.

Die axiale

$$s_{ax} = s_x \tag{3.1}$$

und die radiale Verschiebung

$$s_{rad} = \sqrt{s_y{}^2 + s_z{}^2} \tag{3.2}$$

können direkt aus den kartesischen Koordinaten s_x, s_y, s_z des MSC.ADAMS-Systems berechnet werden. Die Belastungsrichtung wird mit Hilfe des Winkels

$$\phi_{\underset{\sim}{s}} = \arctan\frac{s_z}{s_y} \tag{3.3}$$

in der y, z-Ebene festgelegt. Er befindet sich gemäß Abbildung 3.2a in der radialen Ebene zwischen der y-Achse und der Verschiebungsrichtung $\underset{\sim}{s}$.

Die Verkippung

$$\theta = \arccos\left[\underset{\sim}{e}_{x,IR} \cdot \underset{\sim}{e}_{x,AR}\right] \tag{3.4}$$

$$= \arccos\left[\cos(\varphi)\cos(\psi) - \sin(\varphi)\sin(\psi)\cos(\vartheta)\right] \tag{3.5}$$

des Lagers berechnet sich aus dem Winkel zwischen den Rotationsachsen x_{IR} des Innen- und x_{AR} des Außenrings.

Zur Beschreibung der Ausrichtung der Verkippung im Raum wird gemäß Abbildung 3.2b die Verkippungsachse

$$\underset{\sim}{k} = \underset{\sim}{e}_{x,IR} \times \underset{\sim}{e}_{x,AR} \tag{3.6}$$

eingeführt, um die die Verkippung erfolgt. Die Verkippungsachse dient dazu, den Winkel

$$\phi_\theta = \arccos(\underset{\sim}{k} \cdot \underset{\sim}{e}_{y,AR}) \tag{3.7}$$

zwischen Verkippungsachse und y-Achse des Referenzkoordinatensystems am Außenring zu bestimmen. Für kleine Verkippungen entspricht dieser Winkel dem Projektionswinkel in der radialen Ebene. Da für Wälzlager nur kleine Verkippungen zulässig sind, wenn bleibende Schäden am Lager vermieden werden sollen, ist diese Näherung im Normalbetrieb gültig. Die Achse $\underset{\sim}{k}$ kann dann als Richtung betrachtet werden, um die das Lager in der radialen Ebene verkippt wird. Damit kann die Auswirkung der Verkippung auf die Durchdringung eines einzelnen Wälzkörpers in Abhängigkeit von seiner Position relativ zur Verkippungsachse bestimmt werden: Liegt er auf der Verkippungsachse, so wirkt sich die Verkippung auf seine Verformung nicht aus, liegt er senkrecht dazu, so ist die Auswirkung maximal (siehe Abschnitt 3.2.2).

Neben den Verkippungen in zwei raumfeste Richtungen bildet die Drehung des Innenrings um die Lagerachse zur Funktionserfüllung die dritte Rotationsrichtung des Wälzlagers. Der Rotationswinkel ϕ_{IR} des Innenrings und somit der gelagerten Welle ergibt sich aus der Drehung des Innenrings um die x_{AR}-Achse des Außenrings.

Zur Berechnung werden die radialen Achsen y_{IR}, z_{IR} des Innenringkoordinatensystems auf die radiale Ebene y_{AR}, z_{AR} des Außenringkoordinatensystems projiziert. Anschließend wird der Winkel zu den y- und z-Achsen des Außenrings in dieser Ebene ausgewertet. Bei diesem Vorgehen ergibt sich

$$\phi_{IR} = \arctan \frac{\underset{\sim}{e}_{y,IR} \cdot \underset{\sim}{e}_{z,AR}}{\underset{\sim}{e}_{z,IR} \cdot \underset{\sim}{e}_{z,AR}} \tag{3.8}$$

als Drehwinkel.

Da es sich bei den Achsvektoren um Einheitsvektoren handelt, lässt sich Gleichung (3.8) bei kleinen Verkippungen θ (bei Rollenlagern gilt im Betrieb immer $\theta < 1°$) mit Hilfe der Eulerwinkel zu

$$\phi_{IR} = \arccos\left[\cos(\varphi)\cos(\vartheta)\cos(\psi) - \sin(\varphi)\sin(\psi)\right] \tag{3.9}$$

umschreiben.

Orientierung und Lage der Ringe sind somit in der FORTRAN-Routine bestimmt.

3.2 Position der Wälzkörper

Aus Position und Lage der Ringe können Position und Ausrichtung der einzelnen Wälzkörper bestimmt werden.

3.2.1 Position in Umfangsrichtung

Die Position eines Wälzkörpers i in Umfangsrichtung wird von der Abrollbewegung der Wälzkörper auf den Ringen bestimmt. Bei regulär belasteten, stationär betriebenen Wälzlagern hat Schlupf eine untergeordnete Bedeutung. Daher wurde in BEARING3D VX bzw. NEEDLE3D VX die Annahme getroffen, dass die Wälzkörper im Lager ideal abrollen.

Die Elastizität zwischen den Wälzkörpern im Käfig beeinflusst die Position der Wälzkörper in Umfangsrichtung sehr viel geringer als die Rollbewegung, die durch Drehen des Innenrings hervorgerufen wird. Bewegungen der Wälzkörper innerhalb des Käfigs in Umfangsrichtung werden daher im Modell nicht berücksichtigt.

Durch diese Festlegungen ist die Umfangsbewegung der Wälzkörper im Verbund – und somit die Drehbewegung des Käfigs – rein kinematisch von den Abrollradien der Wälzkörper und Ringe abhängig.

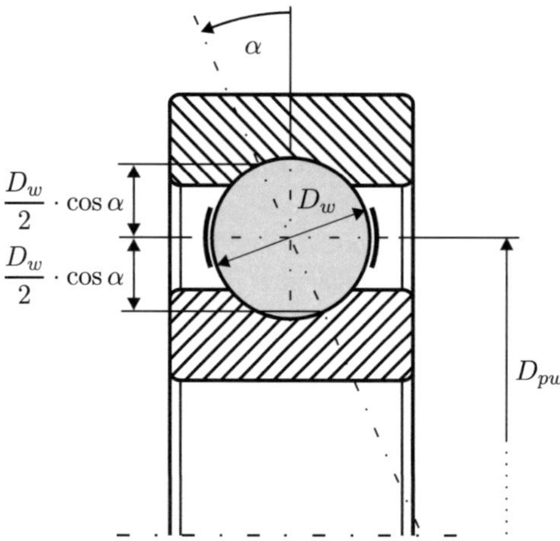

Abbildung 3.3: Laufbahndurchmesser am Rillenkugellager für kinematisches Abrollen

In Abbildung 3.3 ist zu erkennen, dass der Berührpunkt des Wälzkörpers mit zunehmendem Druckwinkel α auf der Oberfläche des Wälzkörpers wandert. Der Abrollradius am Wälzkörper wird dabei immer kleiner.

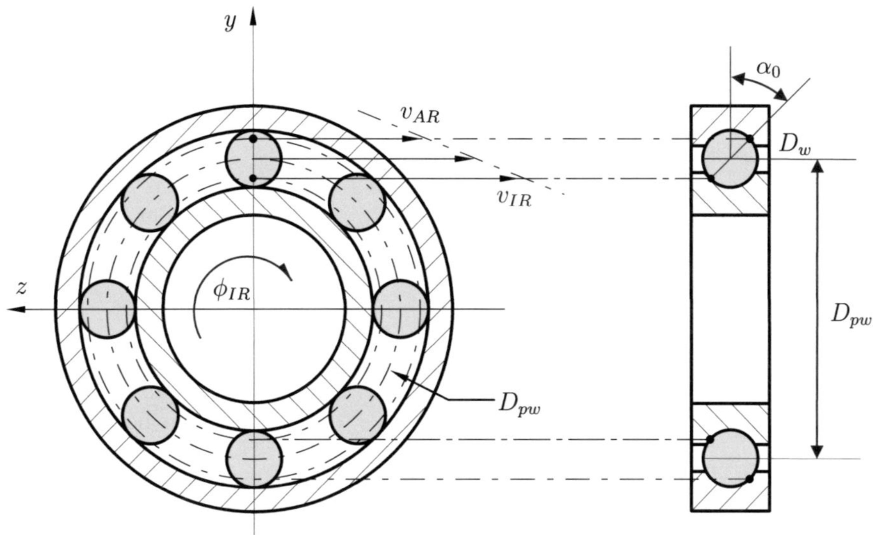

Abbildung 3.4: Abrollbewegung der Wälzkörper

Aus der Rollbedingung im Berührpunkt ergibt sich für die Lage des Käfigs in Umfangsrichtung

$$\phi_{Kaefig} = \frac{1}{2}\,\phi_{IR}\left(1 - \frac{D_w}{D_{pw}}\cos\alpha\right) \tag{3.10}$$

gemäß der Abrollbewegung in Abbildung 3.4. Dabei wurde berücksichtigt, dass der Außenring als Referenzkoordinatensystem dient und daher in Außenringkoordinaten nicht dreht.

Je nach Belastungssituation des Lagers verändert sich der Druckwinkel α für jeden einzelnen Wälzkörper. Bei leicht und durchschnittlich belasteten Lagern weicht der Betriebsdruckwinkel α vom Nenndruckwinkel α_0 nur wenig ab. Darüber hinaus zwingt der Käfig alle Wälzkörper auf eine einheitliche Umfangsgeschwindigkeit. Dies entspricht bezüglich des Abrollens einer Mittelung der Abrolldurchmesser.

Aus diesen Gründen kann der Nenndruckwinkel α_0, der Winkel im unbelasteten Zustand, zur Berechnung des Wellendrehwinkels benutzt werden.

Die Wälzkörper sind bei normalen Wälzlagern in der Regel durch den Käfig auf dem Umfang gleichverteilt. Damit ergibt sich der Winkel

$$\phi_i \approx \frac{1}{2}\phi_{IR}\left(1 - \frac{D_w}{D_{pw}}\cos\alpha_0\right) + \frac{2\pi i}{z} \tag{3.11}$$

des i-ten Wälzkörpers für die Position in der y, z-Ebene.

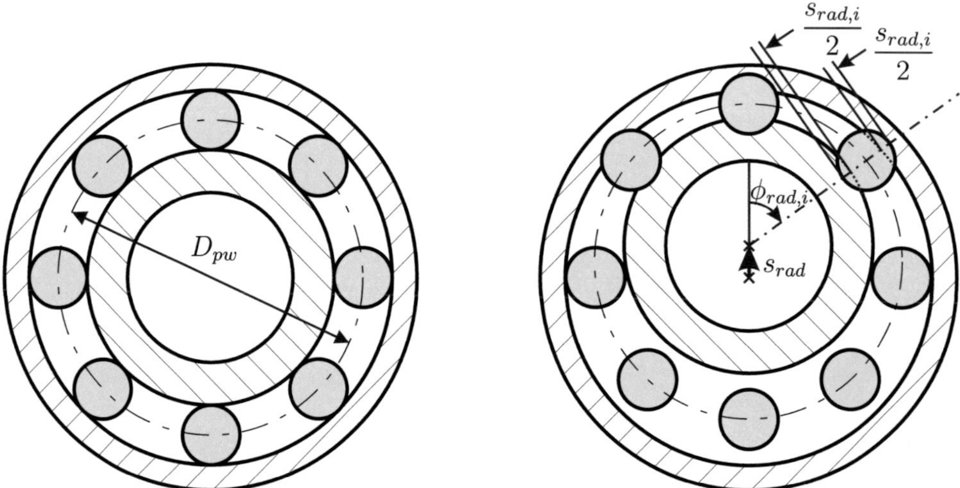

Abbildung 3.5: Verschiebung der Wälzkörper durch Verschiebung der Ringe

Gleichung (3.11) ist gleichermaßen für Rillenkugellager und Zylinderrollenlager anwendbar. Wird die Orientierung des Käfigs von Zylinderrollenlagern berechnet, so ist ein konstanter Nenndruckwinkel $\alpha_0 = 0°$ vorzugeben, so dass der Term $\cos\alpha_0 = 1$ wird.

3.2.2 Position in radialer Richtung

Um die Verformung der Wälzkörper berechnen zu können, wird zunächst ihre Position in radialer Richtung bestimmt. Mit der Annahme, dass sich die Wälzkörper immer in der Mitte zwischen den Laufbahnen befinden, ergibt sich die radiale Verschiebung der Wälzkörper rein geometrisch. Gemäß Abbildung 3.5 lässt sich die Verschiebung aus dem Winkel ϕ_i des Wälzkörpers in Umfangsrichtung und der Verschiebung der Ringe berechnen: Da der Teilkreisdurchmesser D_{pw} bei dieser Annahme erhalten bleibt, wird der Wälzkörper um die halbe radiale Verschiebung des Rings bewegt. Abhängig vom Winkel

$$\phi_{rad,i} = \phi_i - \phi_{\underset{\sim}{s}} \tag{3.12}$$

zum Verschiebungvektor $\underset{\sim}{s}$ der Ringe ergibt sich dann die radiale Verschiebung

$$s_{rad,i} = s_{rad} \, \cos\left(\phi_{rad,i}\right) \tag{3.13}$$

jedes einzelnen Wälzkörpers i in Richtung der Ringe. Die Verschiebung wird gemäß Abbildung 3.5 als Summe der Verschiebung auf beiden Seiten des Wälzkörpers berechnet, um im späteren Verlauf die Gesamtverformung des Wälzkörpers ermitteln zu können.

Aus der Verschiebung kann für Kugellager direkt die radiale Gesamtverformung

$$\delta_{rad,i} = \begin{cases} s_{rad,i} - \frac{G_{rad}}{2} & \text{falls } s_{rad,i} - \frac{G_{rad}}{2} > 0 \\ 0 & \text{sonst} \end{cases} \tag{3.14}$$

aus dem Abzug des radialen Lagerspiels G_{rad} bestimmt werden. Das radiale Lagerspiel teilt sich dabei gemäß Abbildung 3.6a auf die obere und untere Hälfte der Laufbahn auf.

Da bei Zylinderrollenlagern kein Punktkontakt, sondern Linienkontakt auftritt, ist die Verformung abhängig von der Position auf dem Wälzkörper und seiner Kontur. Diese radiale Verformung wird in Abschnitt 4.2.7 berechnet.

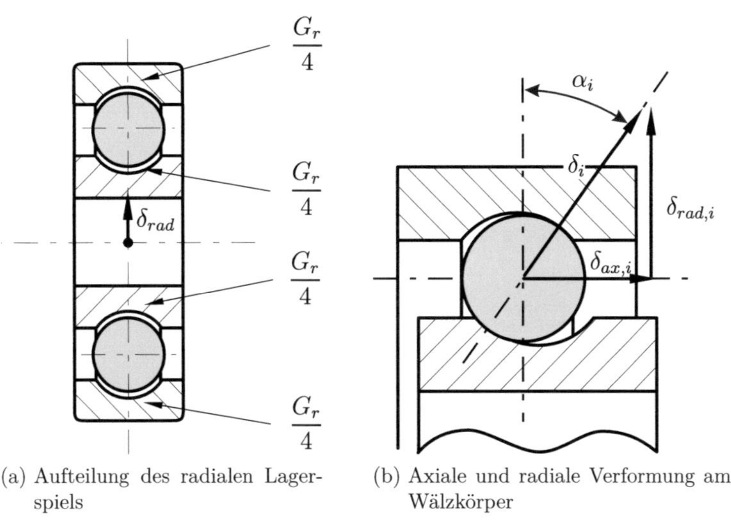

(a) Aufteilung des radialen Lagerspiels

(b) Axiale und radiale Verformung am Wälzkörper

Abbildung 3.6: Lagerspiel und Verformung

Neben der radialen Verformung ist bei Kugellagern auch die axiale Verformung von Bedeutung. Bei Rollenlagern tritt hingegen (ohne eine Belastung der Borde) keine axiale Verformung auf.

Das radiale Betriebslagerspiel

$$G_{rad,i} = \begin{cases} G_{rad} - 2\,s_{rad}\,\cos\left(\phi_{rad,i}\right) & \text{falls } G_{rad} - 2\,s_{rad}\,\cos\left(\phi_{rad,i}\right) > 0 \\ 0 & \text{sonst} \end{cases} \tag{3.15}$$

an der Position des Wälzkörpers i ergibt sich aus dem Nennlagerspiel G_{rad} abzüglich der radialen Verschiebung an dieser Stelle. Die axiale Verschiebung

$$s_{ax,i} = s_{ax} + \frac{1}{2}\,D_{pw}\,\theta\,\sin\left(\phi_{\theta,i}\right) \tag{3.16}$$

der Kugel i berechnet sich mit Hilfe des Winkels

$$\phi_{\theta,i} = \phi_i - \phi_\theta \tag{3.17}$$

zwischen Kugel und Verkippungsachse $\underset{\sim}{k}$ in Umfangsrichtung. Das axiale Betriebslagerspiel

$$G_{ax,i} = \begin{cases} 2r_0\,\sqrt{1 - \left(1 - \frac{G_{rad,i}}{2r_0}\right)^2} & \text{falls } 2r_0\,\sqrt{1 - \left(1 - \frac{G_{rad,i}}{2r_0}\right)^2} > 0 \\ 0 & \text{sonst} \end{cases} \tag{3.18}$$

an der Position der Kugel i ergibt sich mit dem Abstand r_0 der Krümmungsmittelpunkte der Laufbahnen – einer lagerspezifischen Größe. Mit der axialen Verformung der Kugel

$$\delta_{ax,i} = \begin{cases} s_{ax,i} - \frac{G_{ax,i}}{2} & \text{falls } s_{ax,i} > 0 \text{ und } \delta_{ax,i} > 0 \\ s_{ax,i} + \frac{G_{ax,i}}{2} & \text{falls } s_{ax,i} < 0 \text{ und } \delta_{ax,i} > 0 \\ 0 & \text{sonst} \end{cases} \tag{3.19}$$

resultiert daraus die Gesamtverformung

$$\delta_i = \delta_{ax,i} \sin\left(\alpha_i\right) + \delta_{rad,i} \cos\left(\alpha_i\right) \tag{3.20}$$

gemäß Abbildung 3.6b aus der Überlagerung der Anteile von radialer und axialer Verschiebung in Richtung der Berührlinie. In Kapitel 4 wird diese Verformung zur Berechnung der rückstellenden Kraft Q für den *Hertz*schen Kontakt eingesetzt.

Aus der Verformung lässt sich darüber hinaus der Betriebsdruckwinkel

$$\alpha_i = \arctan \frac{\delta_{ax,i} + r_0 \sin \alpha_0}{\delta_{rad,i} + r_0 \cos \alpha_0} \tag{3.21}$$

berechnen. Die Lage des Kontakts bei Rillenkugellagern ist somit vollständig beschrieben.

3.3 Geschwindigkeit der Wälzkörper

Zur Berechnung der Dämpfungskräfte im Lager ist neben Position und Verformung der Wälzkörper auch die Verschiebungsgeschwindigkeit von Bedeutung.

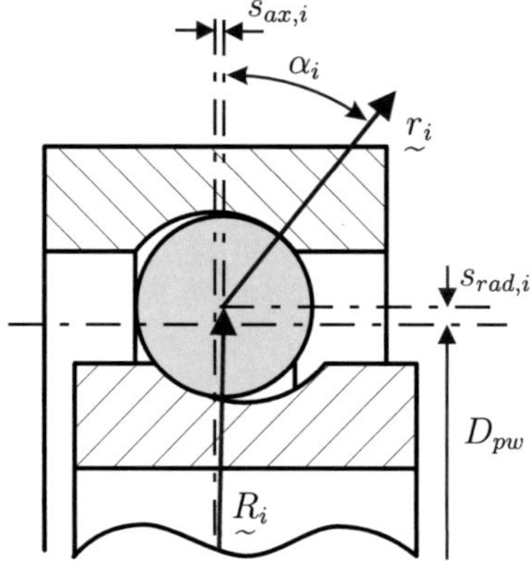

Abbildung 3.7: Berechnung der Wälzkörpergeschwindigkeit

Zu ihrer Berechnung wird zunächst die Position

$$\underset{\sim}{R}_i = \begin{pmatrix} s_{ax,i} \\ \frac{D_{pw}}{2} + s_{rad,i} \cos\left(\phi_i\right) \\ \frac{D_{pw}}{2} + s_{rad,i} \sin\left(\phi_i\right) \end{pmatrix} \tag{3.22}$$

des Wälzkörpers i aus der Summe von Teilkreisradius und Verschiebung des Rings bestimmt. Außerdem wird ein Richtungseinheitsvektor

$$\underset{\sim}{r}_i = \begin{pmatrix} \sin(\alpha_i) \\ \cos(\alpha_i)\ \cos(\phi_i) \\ \cos(\alpha_i)\ \sin(\phi_i) \end{pmatrix} \tag{3.23}$$

gemäß Abbildung 3.7 für die Richtung der Berührlinie ermittelt. Mit der Geschwindigkeit $\underset{\sim}{v}$ des Innenringmittelpunktes und der Winkelgeschwindigkeit $\underset{\sim}{\omega}$ des Innenrings zum Außenring aus MSC.ADAMS ergibt sich die Geschwindigkeit

$$\underset{\sim}{v}_i = \underset{\sim}{v} + \underset{\sim}{\omega} \times \underset{\sim}{R}_i \tag{3.24}$$

des Wälzkörpers als Überlagerung von Translation und Rotation um den Ringmittelpunkt. Wird dieser Geschwindigkeitsvektor auf die Richtung des Druckwinkels projiziert, so lässt sich die skalare Verschiebungsgeschwindigkeit

$$D\delta_i = \underset{\sim}{r}_i \cdot \underset{\sim}{v}_i \tag{3.25}$$

berechnen. Da der Wälzkörper in dieser Richtung den größten Widerstand im Ölfilm erfährt, wird die Lagerdämpfung in Belastungsrichtung anhand dieser Geschwindigkeit berechnet.

4 Modellierung der Wälzlagersteifigkeit

Im folgenden Abschnitt werden verschiedene Möglichkeiten zur Bestimmung der rückstellenden Kräfte im Lager erläutert und verglichen.

Diese Kräfte werden im Wesentlichen durch Verformung der metallischen Körper beim Kontakt von Laufbahn und Wälzkörper hervorgerufen. Der Einfluss des Schmierfilms auf die Verformung wird dabei vernachlässigt, da die mittlere Verformung der Wälzkörper nahezu der im trockenen Kontakt entspricht (siehe z.B. [Oph86, S. 28], [Die97, S. 40], [WWN99, S. 583]).

Der Wälzlagerhersteller FAG gibt in seinem Hauptkatalog [FAG06] eine Gleichung zur Berechnung der Relativverschiebung der Lagerringe in radialer

$$\delta_r = \frac{1}{c_s} F_{rad}^{0,84} + \frac{G_{rad}}{2} \tag{4.1}$$

und axialer Richtung

$$\delta_a = \frac{1}{c_s} \left[(F_{av} + F_{ax})^{0,84} - F_{av}^{0,84} \right] \tag{4.2}$$

bei gegebener radialer Belastung F_{rad}, axialer Belastung F_{ax} sowie axialer Vorspannung F_{av} des Lagers an. Die Steifigkeitskennzahl

$$c_s = K_c\, d^{0,65} \tag{4.3}$$

hängt dabei von einem baureihenspezifischen Beiwert K_c ab (siehe Tabelle 4.1).

Diese Gesetzmäßigkeit berechnet eine mittlere Lagersteifigkeit. Im Gegensatz zum Verhalten realer Lager ist diese Steifigkeit nicht von der Verteilung der Wälzkörper auf dem Umfang abhängig. Dadurch beeinflusst die Position der Wälzkörper zur Belastungsrichtung nicht die Steifigkeit des Lagers. Somit kann mit diesem Modell die anregende Wirkung aus der zeitlich veränderlichen Steifigkeit eines drehenden Lagers nicht abgebildet werden.

Da auch diese Anregungswirkung für die Berechnung des dynamischen Verhaltens von Rotorsystemen von Bedeutung ist, soll sie im generischen Maschinenelement berücksichtigt

Baureihe	K_c
NJ2	11,1
NU10	9,5
NU19	11,3

Tabelle 4.1: Beiwert K_c zur Berechnung der Lagersteifigkeit nach [FAG06]

werden. Aus diesem Grund werden im Folgenden die rückstellenden Kräfte an jedem einzelnen Wälzkörper formuliert und zur Ermittlung der Lagerreaktion vektoriell summiert.

Zur Berechnung der Kontaktkräfte am Wälzkörper wird die reale Kontaktsituation auf ein Ersatzsystem übertragen, welches das Einpressen eines starren Stempels in einen elastischen Halbraum (siehe z.B. [Lur63, S. 257ff.]) oder die Berührung zweier elastischer Körper beschreibt (siehe z.B. [AKM83]). Im zweiten Fall führt dies auf eine Gleichung der Form

$$e(x,y) = f(x,y) + K_1 \int\int_\Omega \frac{p(\bar{x},\bar{y})}{\sqrt{(x-\bar{x})^2 + (y-\bar{y})^2}} \mathrm{d}\bar{x}\mathrm{d}\bar{y} \, , \tag{4.4}$$

in der e die verformte Geometrie, f die unverformte Kontur und p den Druck in der Kontaktfläche darstellen. Darüber hinaus wird der elastische Parameter

$$K_1 = \frac{1-\nu_1}{2\pi G_1} + \frac{1-\nu_2}{2\pi G_2} \tag{4.5}$$

genutzt, der hier mit Hilfe der Materialkonstanten Schubmodul G_i und Querkontraktionszahl ν_i berechnet wird.
Dieses Problem kann allgemein nicht mehr analytisch gelöst werden. Wird jedoch eine elliptische Kontaktfläche angenommen, so führt die *Hertz*sche Theorie auf eine geschlossene Lösung (siehe Abschnitt 4.1).

4.1 Kugellager – Punktlast

Für die Berechnung der Kontaktkräfte zwischen Kugeln und Laufbahnen auf den Ringen eines Kugellagers wird die *Hertz*sche Theorie angewendet. Auf Basis einer Potentialtheorie leitet Heinrich *Hertz* in [Her82] bereits 1882 analytische Formeln her, mit denen sich der Druckverlauf in der Kontaktzone zweier beliebig gekrümmter Ellipsoide ermitteln lässt.

Hertz stellt nach [Joh03, S. 91ff] für seine Theorie folgende Anforderungen an die Kontaktpaarung:

- Die Werkstoffe beider Kontaktpartner weisen linear elastisches, homogenes und isotropes Verhalten auf.

- Die Verformungen bzw. Verschiebungen sind gegenüber den Abmessungen der Körper klein.

- Die Kontaktfläche zwischen den deformierten Körpern ist eben und kann mittels einer Ellipse beschrieben werden.

- Die äußere Last entspricht der Summe der Flächenpressungen. Außerhalb der Druckfläche ist die Flächenpressung gleich null. In der Druckfläche treten nur Normalspannungen und keine Schubspannungen auf.

Nicht alle dieser Forderungen sind im Wälzkontakt streng erfüllt. *Föppl* und *Huber* konnten jedoch in [FH41] nachweisen, dass trotz auftretender Schubbelastung der Kontaktzone und plastischen Spannungsspitzen die Verwendung der *Hertz*schen Theorie für die Berechnung der Kontaktkräfte im Wälzlager zulässig ist.[1]

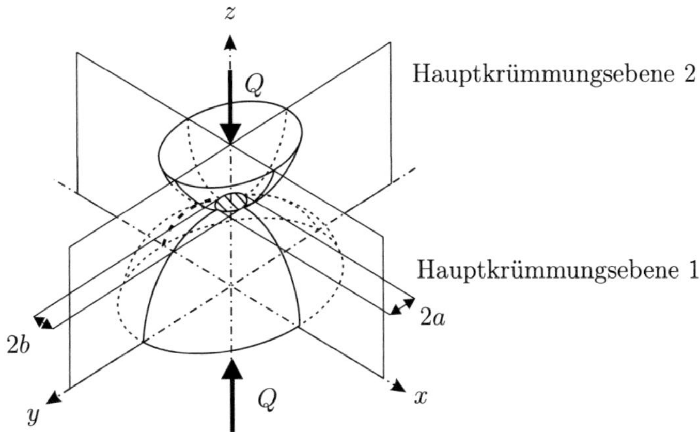

Abbildung 4.1: Berührung zweier allseitig gekrümmter Körper im Raum

In Abbildung 4.1 ist der allgemeine Fall der Berührung zweier allseitig gekrümmter Körper dargestellt. Die beiden Körper sind durch ihre Krümmungen

$$\rho = \frac{1}{R} \tag{4.6}$$

als Kehrwert der Krümmungsradien R in den jeweiligen Hauptkrümmungsebenen definiert. Orthogonale Hauptkrümmungsebenen sind dadurch festgelegt, dass die Krümmungen in einer dieser Ebenen ihren maximalen und in der anderen den minimalen Wert annehmen. Es gilt die Konvention, dass bei konvexer Krümmung der Krümmungsradius positiv ist, bei konkaver negativ (siehe Abbildung 4.2b).
Die Materialeigenschaften der Kontaktkörper werden durch die Elastizitätsmoduln E_i sowie die Querkontraktionszahlen ν_i der beiden Körper i beschrieben. Die elastischen Eigenschaften beider Körper werden im reduzierten Elastizitätsmodul

$$E_{red} = \frac{2\,E_1\,E_2}{E_1\,(1 - \nu_2^2) + E_2\,(1 - \nu_1^2)} \tag{4.7}$$

zusammengefasst.
Für die Summe der Krümmungen ρ_{ij} wird vereinfachend

$$\rho_\Sigma = \sum_{i,j} \rho_{ij} \tag{4.8}$$

---

[1] Die Gültigkeit der *Hertz*schen Theorie für Wälzlager wurde in zahlreichen weiteren wissenschaftlichen Arbeiten mit experimentellen oder numerischen Methoden nachgewiesen. Eine Übersicht über diese Arbeiten findet sich z.B. in [Brä98, S. 97ff.].

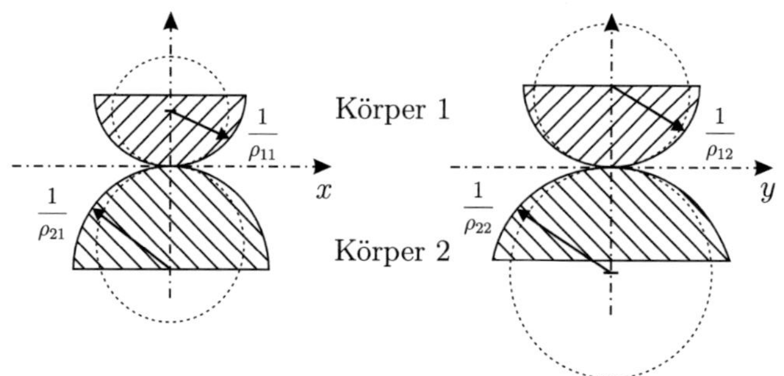

(a) Krümmungsradien

(b) Vorzeichenkonvention

Abbildung 4.2: Geometrie des *Hertz*schen Kontaktes

geschrieben. Dabei bezeichnet der Index i den Kontaktkörper und der Index j die Hauptkrümmungsebene. Berücksichtigt man in der Kontaktzone die Gleichgewichts- und Kompatibilitätsbedingungen, stellt sich nach *Hertz* die folgende Druckverteilung ein (siehe [Lur63, S. 323ff.]):

$$p(x,y) = p_0\sqrt{1 - \left(\frac{x}{a}\right)^2 - \left(\frac{y}{b}\right)^2}. \tag{4.9}$$

Die Kontaktfläche hat Ellipsenform und wird durch ihre Halbachsen a und b beschrieben. Die Druckverteilung ist nur von den beiden Halbachsen a, b (siehe Abbildung 4.1) sowie dem Maximaldruck p_0 in der Kontaktzone abhängig.

Der im Kontakt herrschende Maximaldruck

$$p_0 = \frac{3}{2\,\pi\,a\,b}\,Q \tag{4.10}$$

hängt von der Kontaktfläche und der wirkenden äußeren Belastung Q ab. Die beiden Halbachsen

$$a = \xi \sqrt[3]{\frac{3\,E_{red}}{\rho_\Sigma}\,Q} \tag{4.11}$$

$$b = \eta \sqrt[3]{\frac{3\,E_{red}}{\rho_\Sigma}\,Q} \tag{4.12}$$

lassen sich mit Hilfe der *Hertz*schen Beiwerte ξ und η berechnen.
Es handelt sich um zwei dimensionslose Halbachsenbeiwerte, durch die die Verteilung der Beanspruchung über der Kontaktfläche beschrieben wird.
Hertz führt weiterhin den Hilfswert

$$\cos\left(\tau\right) = \frac{\sqrt{\left(\rho_{11} - \rho_{12}\right)^2 + \left(\rho_{21} - \rho_{22}\right)^2 + 2\left(\rho_{11} - \rho_{12}\right)\left(\rho_{21} - \rho_{22}\right)}}{\rho_\Sigma} \tag{4.13}$$

ein, der die Geometrie der Kontaktpaarung zusammenfasst.

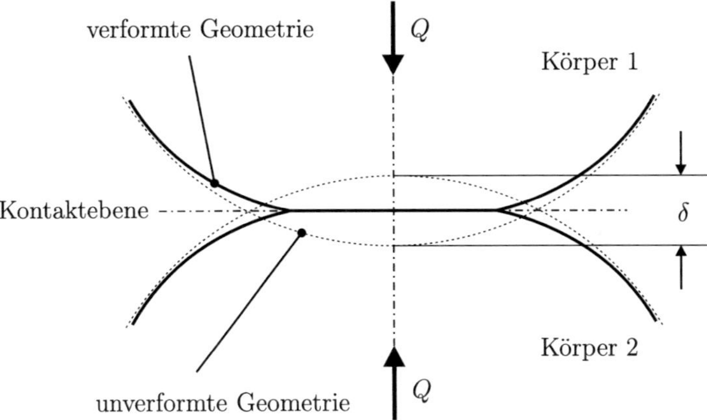

Abbildung 4.3: Zusammenhang zwischen Verformung δ und Belastung Q bei der Berührung zweier allseitig gekrümmter Körper nach *Hertz*

Damit resultiert nach *Hertz* bei gegebener äußerer Belastung Q die Verformung

$$\delta\left(Q\right) = 1{,}5\,\zeta \sqrt[3]{\frac{\rho_\Sigma}{3}\left(\frac{Q}{E_{red}}\right)^2}\,. \tag{4.14}$$

Gleichung (4.14) lässt sich nach der Belastung

$$Q\left(\delta\right) = \sqrt{3}\,E_{red}\left(\frac{\delta}{1{,}5\,\zeta\,\left(\rho_\Sigma\right)^{\frac{1}{3}}}\right)^{\frac{3}{2}} \tag{4.15}$$

bei gegebener Eindringung δ auflösen. Die Bestimmung ist somit bis auf die unbekannten *Hertz*schen Beiwerte

$$\xi = \sqrt[3]{\frac{2\,K^2\,M}{\pi}} \tag{4.16}$$

$$\eta = \sqrt[3]{\frac{2\,M}{\pi\,K}} \tag{4.17}$$

$$\zeta = \frac{2\,N}{\pi\,\xi} \tag{4.18}$$

sowie des Hilfswertes $\cos(\tau)$ möglich.

Die in den Gleichungen (4.16) und (4.17) verwendete Größe

$$K = \frac{a}{b} = \frac{\xi}{\eta} \tag{4.19}$$

gibt das Verhältnis der beiden Halbachsen a und b beziehungsweise der beiden Halbachsenbeiwerte ξ und η zueinander an.

Die Größen

$$N = \int_0^{\frac{\pi}{2}} \left[1 - \left(1 - \frac{1}{K^2} \right) \sin^2(\phi) \right]^{-\frac{1}{2}} \mathrm{d}\phi \tag{4.20}$$

und

$$M = \int_0^{\frac{\pi}{2}} \left[1 - \left(1 - \frac{1}{K^2} \right) \sin^2(\phi) \right]^{\frac{1}{2}} \mathrm{d}\phi \tag{4.21}$$

werden aus elliptischen Integralen ermittelt. Diese Integrale können nur numerisch ausgewertet werden (siehe [Oph86]).

Die numerischen Ergebnisse können entweder aus Tabellen entnommen (siehe z.B. [Teu05, S.146]) oder mit Hilfe des im folgenden Abschnitt 4.1.1 beschriebenen Näherungsverfahrens berechnet werden.

4.1.1 Näherungsverfahren zur Bestimmung der Hertzschen Beiwerte nach *Grekoussis* und *Michailidis*

Grekoussis und Michailidis geben in [GM81] eine Methode zur näherungsweisen Bestimmung der *Hertz*schen Beiwerte an.

Hierzu wird der Hilfswert $\cos(\tau)$ aus Gleichung (4.13) in eine logarithmische Näherung überführt:

$$f(\tau) = \ln(1 - \cos(\tau)) \ . \tag{4.22}$$

Zur näherungsweisen Berechnung der *Hertz*schen Beiwerte in Abhängigkeit von $\cos(\tau)$ müssen folgende zwei Fälle unterschieden werden:

1. Fall: für $0 \leq \cos(\tau) < 0,949$ gilt für die *Hertz*schen Beiwerte ξ und η:

$$\ln(\xi) \approx \frac{f(\tau)}{-1,53 + 0,333\,f(\tau) + 0,0467\,f^2(\tau)} \tag{4.23}$$

$$\ln(\eta) \approx \frac{f(\tau)}{1,525 - 0,86\,f(\tau) - 0,0933\,f^2(\tau)} \tag{4.24}$$

2. Fall: für $0,949 \leq \cos(\tau) < 1$ gilt für die *Hertz*schen Beiwerte ξ und η:

$$\ln(\xi) \approx \sqrt{-0,4567 - 0,4446\,f(\tau) + 0,1238\,f^2(\tau)} \tag{4.25}$$

$$\ln(\eta) \approx -0,333 + 0,2037\,f(\tau) + 0,0012\,f^2(\tau) \tag{4.26}$$

Löst man Gleichung (4.16) mit Gleichung (4.19) nach

$$M = \frac{\eta^3\,\pi\kappa}{2} \tag{4.27}$$

auf, so lässt sich mit der Abhängigkeit des Geometriebeiwertes

$$\cos(\tau) = \frac{M(K^2 + 1) - 2\,N}{M(K^2 - 1)} \tag{4.28}$$

auch der zweite Hilfswert

$$N = -\frac{M}{2}\cos(\tau)\left(K^2 - 1\right) + \frac{M}{2}\left(\kappa^2 + 1\right) \tag{4.29}$$

bestimmen. Mit Gleichungen (4.27) und (4.29) kann aus Gleichung (4.18) der dritte *Hertz*sche Beiwert ζ berechnet werden. Damit lässt sich aus Gleichung (4.15) die rückstellende Kraft Q des Kontaktes bestimmen.

Der dabei auftretende maximale Fehler zwischen der Näherung und der exakten Lösung liegt laut Grekoussis und Michailidis unter 0,7 % für ξ und η (siehe [GM81, S. 137]). Laut Ophey ist damit die Abweichung von den analytischen Werten für die rückstellende Kraft in allen Fällen kleiner als 0,6 % [Oph86, S. 35].

4.2 Rollenlager – Linienlast

Während für Kugel-Laufbahnkontakte mit dem *Hertz*kontakt eine Formel zur direkten Berechnung der Kräfte bei Punktlast zur Verfügung steht, ist aus der Theorie für den Rollen-Laufbahnkontakt keine geschlossene analytische Lösung von Gleichung (4.4) ableitbar.

Größe	Wert
Kontaktlänge	$l_{eff} = 15$ mm
Rollendurchmesser	$D_w = 3{,}9$ mm
Teilkreisdurchmesser	$D_{pw} = 15$ mm
Elastizitätsmodul	$E = 210$ MPa
Querkontraktionszahl	$\nu = 0{,}3$
Dicke des Außenrings	$\bar{t} = 3$ mm

Tabelle 4.2: Verwendete Parameter zur Berechnung der Flächenpressungen, Kontaktkräfte und Momente in Abschnitt 4.2

4.2.1 Lösung durch numerische Integration der Kontaktgleichung

Eine Möglichkeit, Oberflächenbelastung, Kräfte und Momente allgemeiner Kontakte zu bestimmen, besteht darin, Gleichung (4.4) numerisch zu integrieren.

Singh und *Paul* formulieren dazu in [SP74] für allgemeine, reibungsfreie Kontakte eine Integrationsmethode, in der sie die Grundfläche in kleine Zellen im Kontakt unterteilen.

Ahmadi, *Keer* und *Mura* bauen auf diese Arbeiten auf und schlagen in [AKM83] vor, die gesamte Kontaktfläche in rechteckige Teilflächen aufzuteilen. Da im Normalkontakt nur Druckkräfte übertragen werden können, sind Zugkräfte im Kontakt unzulässig. In einem iterativen Prozess werden daher die Teilflächen mit negativer Belastung aus der Kontaktfläche entfernt und das Problem erneut gelöst. Nach einigen Iterationen ergibt sich dann die Belastung entlang der Körperoberfläche für die reale Kontaktzone.

Wie in Abbildung 4.4 gut zu sehen ist, entstehen am Rand der Zylinderrolle hohe Kantenspannungen. Bei einem ideal starren Zylinder der in einen elastischen Halbraum eingedrückt wird, wären diese Spannungen unendlich hoch. Bei der Berechnung der Kontaktpressungen entsteht an dieser Stelle somit eine Singularität, die explizit abgefangen werden muss.

Durch die Wahl eines geeigneten Wälzkörperprofils (siehe Abbildung 4.12) wird diese extreme Überhöhung der Lasten am Rand des realen Wälzkörpers bei Lagern beseitigt.

Die numerische Integration bietet bei hoher örtlicher Diskretisierung eine sehr gute Näherung an die exakte Lösung. Allerdings ist der Rechenaufwand dafür sehr hoch. Aufgrund der Vielzahl der Wälzkörper in einem Lager und der Verwendung mehrerer Lager in einem Gesamtmaschinenmodell müsste der Kontakt sehr häufig ausgewertet werden. Da dies enorme Rechenzeiten in Anspruch nehmen würde, ist dieses Modell für die Berechnung in einem Gesamtmaschinenmodell nicht geeignet.

Da es aber eine sehr hohe Genauigkeit bietet, wird es als Referenz für einfachere Modelle verwendet. Ein Vergleich der rückstellenden Kräfte verschiedener Modelle findet sich in Abbildung 4.20.

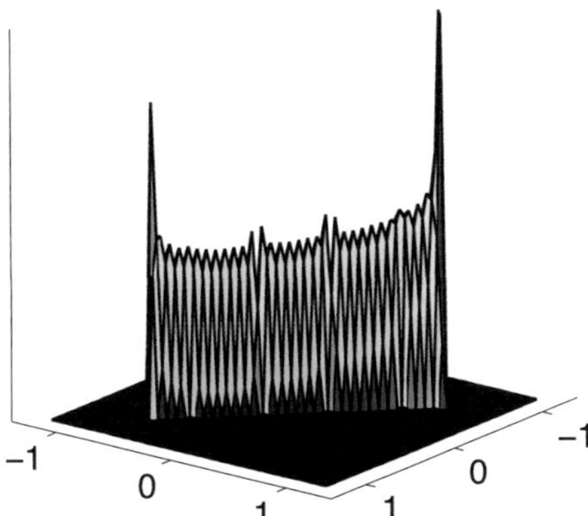

Abbildung 4.4: Druckverteilung nach [AKM83] entlang einer starren, zylindrischen Rolle
mit Länge $\ell = 2$mm bei Einpressen in einen elastischen Halbraum; Verkippung $\frac{\theta}{2} = 5'$

4.2.2 Formulierung des Linienkontaktes als konzentrierte Kraft

Im Laufe der Jahre wurden verschiedene Federgesetze für den Rollen-Laufbahnkontakt entwickelt. Teilweise stammen diese aus theoretischen Überlegungen, teilweise aus Experimenten.

Als einer der ersten gibt Lundberg in [Lun39] eine Gleichung für die Verformung

$$\delta = \frac{Q}{\pi} \frac{2}{l_{eff}} \left(\frac{1 - \nu_1^2}{E_1} + \frac{1 - \nu_2^2}{E_2} \right) \left(1,8864 + \ln \frac{l_{eff}}{2b} \right) \tag{4.30}$$

beim Zusammenpressen zweier elastischer, zylindrischer Körper mit parallelen Symmetrieachsen gemäß Abbildung 4.5a an. Die Körper stehen in der Länge l_{eff} im Kontakt. *Lundberg* leitet die Gesetzmäßigkeit wie *Hertz* aus einer Potentialtheorie mit der Annahme her, dass eine Zylinderrolle endlicher Länge in einen elastischen Halbraum eingedrückt wird. Er nimmt dabei an, dass die Druckverteilung innerhalb der Kontaktfläche konstant ist.

Palmgren gibt in [Pal50] ein Potenzgesetz in Form einer Zahlenwertgleichung für die Verformung

$$\delta = 3,84 \cdot 10^{-5} \frac{(Q/\mathrm{N})^{0,9}}{(l_{eff}/\mathrm{mm})^{0,8}} \; \mathrm{mm} \tag{4.31}$$

einer zylindrischen Rolle an, die auf eine Platte gedrückt wird. Das Gesetz leitet er durch Anpassung der Exponenten an Messergebnisse her. In den Experimenten wurden zylindrische Scheiben in ebene Platten mit vorgegebener Kraft gedrückt und die Durchdringung

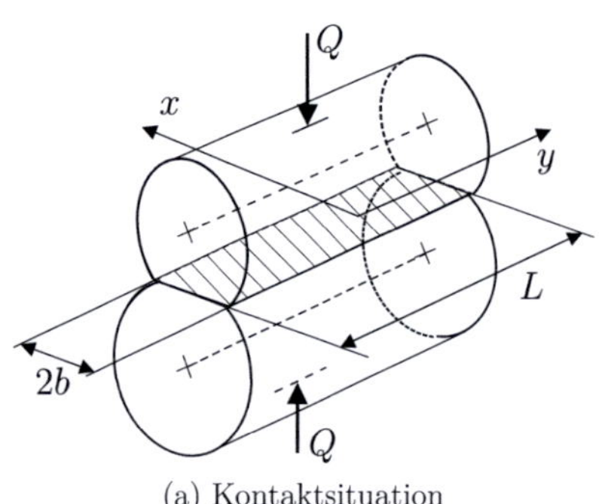

(a) Kontaktsituation

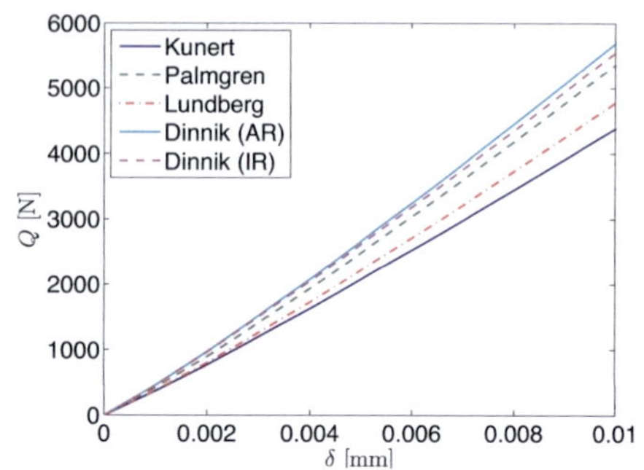

(b) Rückstellkraft für Linienkontakt (Wälzkörpergeometrie gemäß Tabelle 4.2)

Abbildung 4.5: Ebene Berührung zweier zylindrischer Körper

gemessen.

Kunert stellt fest, dass *Lundbergs* Annahme einer konstanten Druckverteilung in der Kontaktzone nicht gültig ist. In der Form seiner Näherungsgleichung orientiert er sich am Potenzgesetz von Palmgren und gibt in [Kun61] die Verformung

$$\delta = 4,05 \cdot 10^{-5} \frac{(Q/\mathrm{N})^{0,925}}{(l_{eff}/\mathrm{mm})^{0,85}} \, \mathrm{mm} \tag{4.32}$$

leicht modifiziert aus theoretischen Überlegungen an. Kunert geht dabei von einer tragenden Länge

$$l_{eff} = \ell - 2r \tag{4.33}$$

aus, die sich für zylindrisch-ballige Stahlrollen ergibt. Zylindrisch-ballige Rollen werden gemäß Abbildungen 4.12g bis 4.12i am äußeren Rand mit einem Radius r abgerundet. Um die gesuchte Rückstellkraft bei vorgegebener Durchdringung zu berechnen, muss lediglich Gleichung (4.32) nach der Kraft

$$Q(\delta) = 26481 \left(\frac{l_{eff}}{\mathrm{mm}} \right)^{0,919} \left(\frac{\delta}{\mathrm{mm}} \right)^{1,08} \mathrm{N} \tag{4.34}$$

aufgelöst werden.

Das Fehlen von Geometriegrößen und Materialkennwerten in Gleichung (4.34) lässt erkennen, dass zahlreiche Annahmen zu Geometrie und Material der Wälzkörper sowie zur Kontaktsituation für die Bestimmung der Gleichung vorausgesetzt wurden (siehe [Brä98, S. 103 ff.]). Die einzige Größe mit Einfluss auf die Kontaktsteifigkeit ist in diesem Fall die tragende Länge l_{eff} – nicht aber der Rollen- oder Laufbahndurchmesser.

Dinnik gibt weitere Gleichungen zur Berechnung der Rückstellkräfte an. Er unterscheidet dabei zwischen Kontakt an Innen- und Außenring. Nach [Rot64] lauten diese Gleichungen

$$\delta_{AR} = 2,66 \left(\frac{\bar{t}}{1 + \frac{D}{d_m}}\right)^{0,09} \left(\frac{Q\,(1-\nu^2)}{E\,l_{eff}}\right)^{0,91} \tag{4.35a}$$

$$\delta_{IR} = 3,17 \left(\frac{d_m}{2}\right)^{0,08} \left(\frac{Q\,(1-\nu^2)}{E\,l_{eff}}\right)^{0,92} \tag{4.35b}$$

für Außen- und Innenringkontakt. Am Außenring geht die Dicke $\bar{t}$ des Rings mitsamt der Stützstruktur der umgebenden Bauteile in die Berechnung ein.

Da der Innenring einen kleineren Durchmesser hat und somit steifer ist, ist dort die Materialstärke des Rings nicht von Bedeutung. Zudem wird der Innenring in der Regel auf einer Vollwelle befestigt, während der Außenring beispielsweise in einem dünnen Gussgehäuse sitzen kann, das nur an wenigen Stellen durch Rippen verstärkt ist. In einem solchen Fall kann sich der Außenring nicht nur mikroskopisch (also innerhalb der Kontaktzone) sondern auch makroskopisch (durch Ovalisierung des Rings) sehr stark verformen.

Tripp fasst in [Tri85] Gleichungen für Kontaktkräfte verschiedener Autoren zusammen. Er führt dabei auch eine Elastizitätsgleichung ähnlich der von *Dinnik* für den Linienkontakt auf, die er aus der Berührung eines starren Zylinders mit einer ebenen Platte vorgegebener Dicke $\bar{t}$ mit Hilfe der Halbraumtheorie herleitet. Diese Gleichungen

$$\delta_{AR} = \frac{2Q}{\pi\,l_{eff}} \left[\frac{1-\nu_1{}^2}{E_1}\left(\ln\frac{2D_w}{b} - \frac{1}{2}\right) + \frac{1-\nu_2{}^2}{E_2}\left(\ln\frac{2\bar{t}}{b} - \frac{\nu_2}{2\,(1-\nu_2)}\right)\right] \tag{4.36a}$$

$$\delta_{IR} = \frac{2Q}{\pi\,l_{eff}} \left[\frac{1-\nu_1{}^2}{E_1}\left(\ln\frac{2D_w}{b} - \frac{1}{2}\right) + \frac{1-\nu_2{}^2}{E_2}\left(\ln\frac{2\,(D_{pw} + D_w)}{b} - \frac{1}{2}\right)\right] \tag{4.36b}$$

können sowohl für die Berechnung der Kontaktkräfte am Außen- als auch am Innenring verwendet werden. Für die Berechnung der Halbachse b der Kontaktellipse wird hierbei der Wert

$$b = \sqrt{\frac{8\,(1-\nu^2)\,Q}{\pi E \rho_{\sum} l_{eff}}} \tag{4.37}$$

aus [Brä98] eingesetzt.

Leicht veränderte Annahmen bezüglich Kontaktkinematik oder Materialverhalten führen auf andere Vorfaktoren und Exponenten in den Potenzgesetzen, sodass mehrere weitere Gesetze für die elastische Verformung im Linienkontakt existieren. Diese unterscheiden sich in der rückstellenden Kraft bei gleicher Verformung kaum von den vorgestellten Modellen. Einen Überblick über weitere Kontaktgesetze geben *Breuer* in [Bre94, S. 8ff.] und *Teutsch* in [Teu05, S. 147ff.].

4.2.3 Scheibenmodelle ohne Querabhängigkeit der Scheiben

Werden zwei Zylinderrollen nicht parallel (wie in Abbildung 4.5a), sondern wie in Abbildung 4.6 schräg aufeinander gedrückt, so ergibt sich aufgrund der veränderten Kontaktlänge und der unterschiedlichen Eindringtiefe eine andere rückstellende Kraft. Da die Verkippungen bei Kontakten in Wälzlagern in der Regel sehr klein sind ($< 1°$), ist diese Änderung der Kontaktkraft oft vernachlässigbar. Eine Beschreibung mit den konzentrierten Kontaktformulierungen aus Abschnitt 4.2.2 ist daher zur Beschreibung der Rückstellkraft ausreichend.

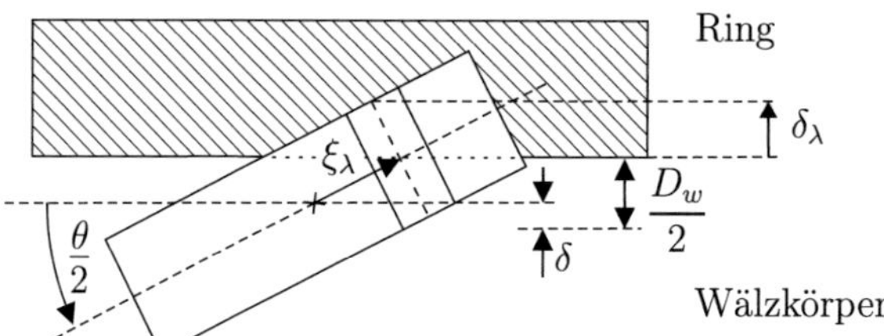

Abbildung 4.6: Berührung eines Rings durch eine Zylinderrolle unter einem Kontaktwinkel $\frac{\theta}{2}$

Allerdings ergibt sich zusätzlich zur rückstellenden Kraft bei schräg eingedrückten Kontaktpartnern ein rückstellendes Moment, das auch bei kleinen Verkippungen bereits groß werden kann. Dieses Moment kann für die Funktion der Lagerung von großer Bedeutung sein, wenn ein Biegemoment der Welle abzustützen ist. Mit den konzentrierten Kontaktformulierung aus Abschnitt 4.2.2 ist die Berechnung dieses Moments nicht möglich.

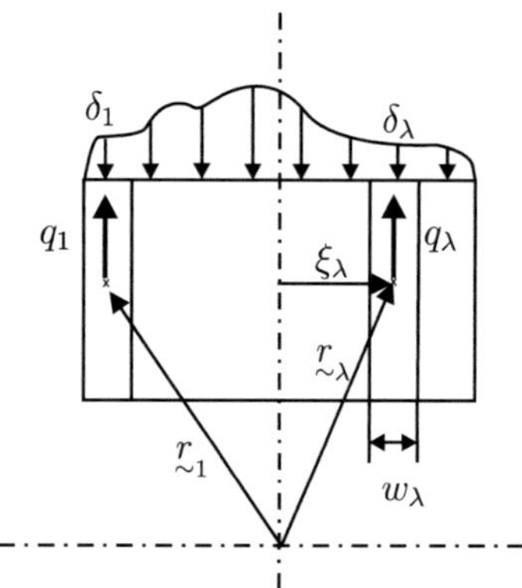

Abbildung 4.7: Scheibenmodell eines Wälzkörpers

Diskretisiert man jedoch die Rolle in einzelne Scheiben entlang der Berührlinie gemäß Abbildung 4.7, so kann ein rückstellendes Moment gewonnen werden: Jede Scheibe λ wird wie ein unabhängiger Zylinder behandelt. Die Berechung von Gesamtkraft und -moment am Wälzkörper erfolgt dann gemäß Abschnitt 4.2.7.

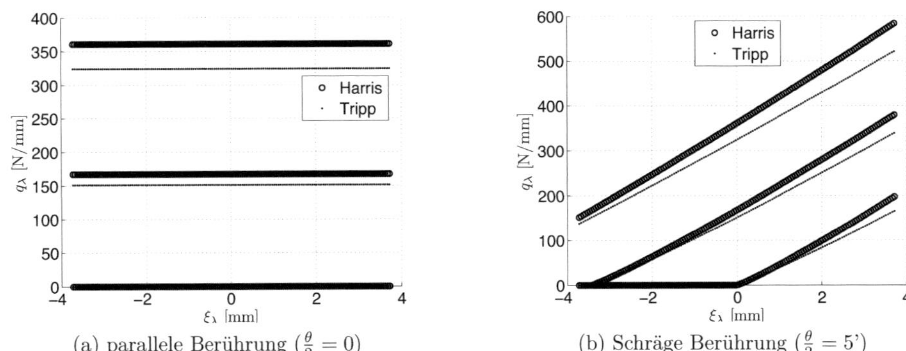

(a) parallele Berührung ($\frac{\theta}{2} = 0$) (b) Schräge Berührung ($\frac{\theta}{2} = 5$')

Abbildung 4.8: Linienlasten einfacher Scheibenmodelle ohne Profilierung des Wälzkörpers bei Verschiebungen $\delta = 0$ mm, $0,05$ mm und $0,1$ mm

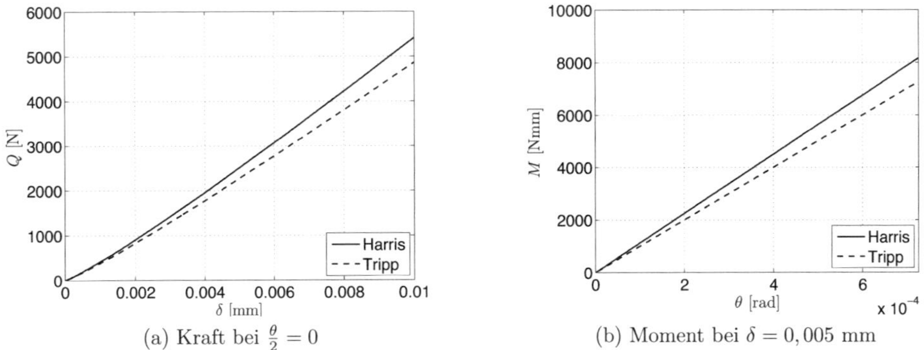

(a) Kraft bei $\frac{\theta}{2} = 0$ (b) Moment bei $\delta = 0,005$ mm

Abbildung 4.9: Reaktionskräfte und -momente an einem Wälzkörper bei Berechnung mit einfachen Scheibenmodellen ohne Profilierung des Wälzkörpers

Die Linienlast einer einzelnen Scheibe kann prinzipiell mit den Kontaktgesetzen aus Abschnitt 4.2.2 beschrieben werden. Dabei wird die Steifigkeit der Gesamtrolle bei konstanter Scheibenbreite w_λ gleichmäßig auf alle Scheiben aufgeteilt.

Da es sich bei den Scheiben in der Regel aber um Objekte mit einem kleinen Aspektverhältnis

$$\frac{l_{eff}}{D_w} < 1 \tag{4.38}$$

von Rollendurchmesser zu -länge handelt, ergibt sich eine leicht veränderte Kontaktsituation. Wird diese berücksichtigt, führt dies zu veränderten Faktoren und Exponenten in den Federsteifigkeiten des Radialkontaktes im Vergleich zu dem Modell nach Tripp aus Abschnitt 4.2.2.

Harris gibt beispielsweise in [HK07b, S. 135ff.] für die rückstellende Kraft einer Scheibe

$$q_\lambda = 8,06 \cdot 10^4 \left(\frac{w}{\text{mm}}\right)^{\frac{8}{9}} \left(\frac{\delta}{\text{mm}}\right)^{\frac{10}{9}} \text{N} \tag{4.39}$$

in Form einer Zahlenwertgleichung an.

Trotz der leicht unterschiedlichen Parameterwerte liefern die Modelle nur geringfügig unterschiedliche Rückstellkräfte und -momente im interessierenden Belastungsbereich wie in Abbildung 4.9 zu sehen ist.

Mit den Scheibenmodellen kann der Einfluss des Profils c_λ sowie des radialen Lagerspiels G_{rad} auf Kraft und Rückstellmoment im Wälzlagerkontakt abgebildet werden. Der Aufwand bei der Berechnung der Kräfte erhöht sich allerdings deutlich im Vergleich zu den konzentrierten Kontakten aus Abschnitt 4.2.2, da abhängig von der Anzahl k der Scheiben die Steifigkeit für jede Scheibe – und somit k-mal – ausgewertet werden muss.

4.2.4 Lösung nach *Houpert*

Houpert schlägt in [Hou97] eine semianalytische Lösung der Berechnung der Kontaktkräfte im Wälzlager vor, um den Rechenaufwand zu verringern. Abhängig von den drei Verschiebungen sowie den zwei Kippwinkeln des Wälzkörpers werden in seinem Modell die drei rückstellenden Kräfte sowie das rückstellende Moment berechnet. Zusätzlich zu den Kräften und Momenten gibt er in seinem Ansatz auch die Lastverteilung entlang der Kontaktlinie als analytische Formel an.

Houpert geht davon aus, dass die Wälzkörper eine leichte Balligkeit aufweisen. Somit kann er zur Berechnung der Lasten die *Hertz*sche Theorie für elliptische Kontaktflächen (siehe Abschnitt 4.1) verwenden. Er nimmt darüber hinaus an, dass die Verkippungen im System sehr klein sind.

In [Hou01a] und [Hou01b] entwickelt *Houpert* seine Theorie weiter und untersucht die Linienlast in der Kontaktzone. Er benutzt dazu eine Einteilung des Wälzkörpers in Scheiben. Pro Scheibe ermittelt er für den Kontakt Sphäre auf Platte die Last

$$q_\lambda = K_H \, \delta_\lambda \tag{4.40}$$

mit der Federkonstante

$$K_H = 0,282 \, E \left(\frac{R_\xi}{R_x}\right)^{-0,1} \tag{4.41}$$

sowie den Ersatzradien R_x in Rollrichtung und R_ξ parallel zur Rollachse.

Statt die Rolle in endlich viele Scheiben aufzuteilen, werden unendlich schmale Scheiben verwendet. Deren Lasten können analytisch über die gesamte Wälzkörperlänge ℓ integriert

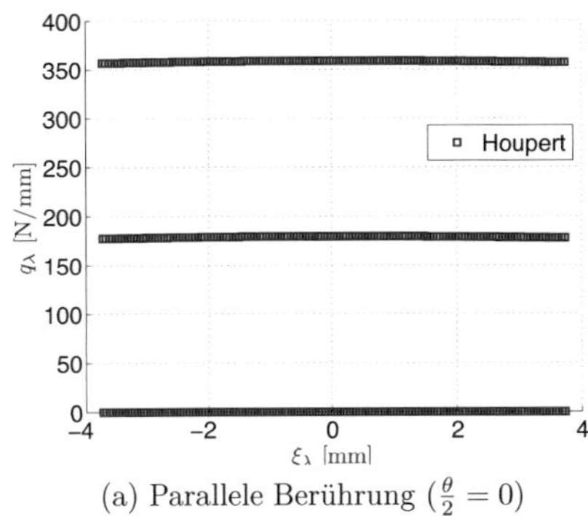
(a) Parallele Berührung ($\frac{\theta}{2} = 0$)

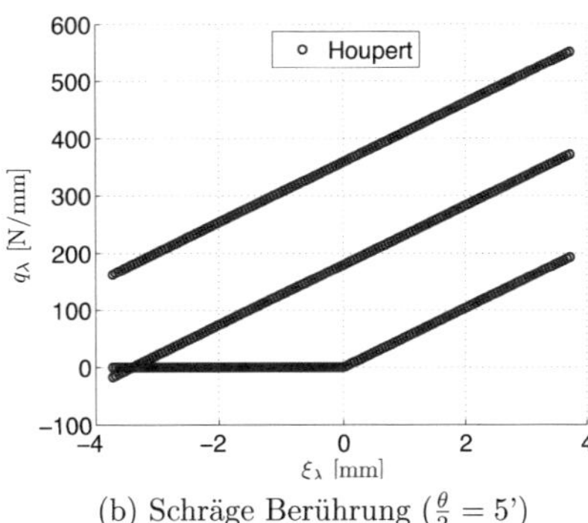
(b) Schräge Berührung ($\frac{\theta}{2} = 5$')

Abbildung 4.10: Linienlasten eines balligen Wälzkörpers berechnet mit dem Kontaktgesetz nach *Houpert* bei Verschiebungen $\delta = 0$ mm, $0,05$ mm und $0,1$ mm

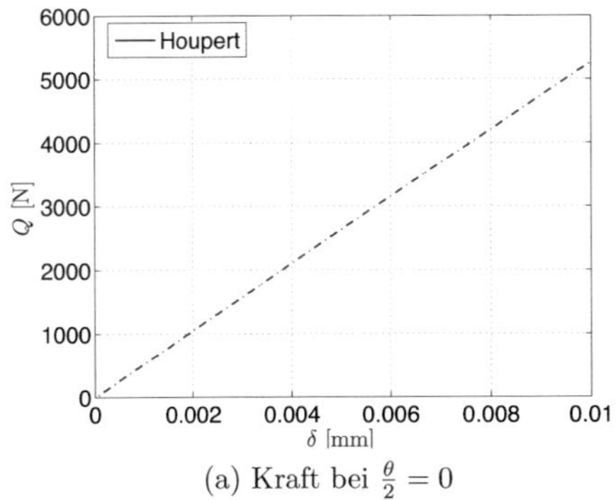
(a) Kraft bei $\frac{\theta}{2} = 0$

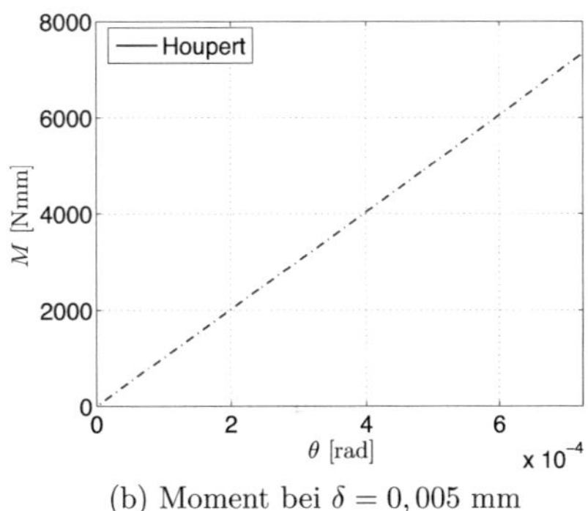
(b) Moment bei $\delta = 0,005$ mm

Abbildung 4.11: Reaktionskräfte und -momente an einem balligen Wälzkörper bei Berechnung mit dem Kontaktgesetz nach *Houpert*

werden. Dadurch ist es möglich, in einem Rechenschritt direkt Kraft und Moment auf den Wälzkörper zu berechnen. Dazu wird eine Verformung

$$\delta_\lambda = \delta - \frac{1}{2}\xi_\lambda{}^2 \frac{2}{D_{pw} - D_w} - \frac{1}{2}\frac{\xi_\lambda{}^2}{R_\xi} \tag{4.42}$$

mit dem Balligkeitsradius R_ξ des Zylinderrollenlagers vorausgesetzt. Damit ergeben sich mit den beiden Kontakträndern

$$y_1 = \max\left[\frac{-\theta - \sqrt{-\theta^2 + 2\left(\frac{1}{R_\xi} + \frac{2}{D_{pw}+D_w}\right)\delta}}{\frac{1}{R_\xi} + \frac{2}{D_{pw}+D_w}}; \frac{\ell}{2}\right] \tag{4.43}$$

und

$$y_2 = \max \left[\frac{-\theta + \sqrt{-\theta^2 + 2\left(\frac{1}{R_\xi} + \frac{2}{D_{pw}+D_w}\right)\delta}}{\frac{1}{R_\xi} + \frac{2}{D_{pw}+D_w}} ; \frac{\ell}{2} \right] \tag{4.44}$$

die rückstellende Kraft

$$Q = K_H \left(\delta\left(y_2 - y_1\right) + \frac{1}{3D_{pw} - 3D_w}\left(y_2{}^3 - y_1{}^3\right) - \frac{1}{6R_\xi}\left(y_2{}^3 - y_1{}^3\right) - \frac{\theta}{4}\left(y_2{}^2 - y_1{}^2\right) \right) \tag{4.45}$$

sowie das rückstellende Moment

$$M = K_H \left(\delta\left(y_2{}^2 - y_1{}^2\right) + \frac{1}{8}\frac{1}{D_{pw} - D_w}\left(y_2{}^4 - y_1{}^4\right) - \frac{1}{8R_{\xi r}}\left(y_2{}^4 - y_1{}^4\right) - \frac{\theta}{6}\left(y_2{}^3 - y_1{}^3\right) \right) \tag{4.46}$$

des Lagers. Kraft und Moment können also wie in Abschnitt 4.2.2 mit einer expliziten Formel berechnet werden. Die Rechenzeit ist geringer als bei den Scheibenmodellen in Abschnitt 4.2.3, allerdings ist die Profilform des Wälzkörpers als ballig festgelegt.

4.2.5 Scheibenmodell mit Quereinfluss (AST)

Die Scheibenmodelle aus Abschnitt 4.2.3 genügen, um die Reaktionskräfte des Lagers sowie seinen Widerstand gegen Verkippen zu bestimmen. Möchte man jedoch einen Erwartungswert für die Lebensdauer der Lager berechnen, sind zur Berechnung der Materialermüdung die Spannungen im Material von Bedeutung. In den Scheibenmodellen wird für jede Scheibe die Linienlast q_λ berechnet. Die Maximalspannungen im Material sind zu diesen Linienlasten nach *Hertz* jeweils direkt proportional.

Betrachtet man den Spannungsverlauf an realen Wälzkörpern, so ergibt sich gemäß Abbildung 4.12 an der Wälzkörperkante eine Überhöhung der Linienlast. Ursache hierfür ist, dass die Kante nur an einer Seite vom Material der Rolle abgestützt wird. Zugleich ist der Gegenkörper am Rand besonders großen Verformungsgradienten unterworfen. Daher unterliegt der Rand einer sehr viel stärkeren Belastung als alle anderen Teile der Rolle.

Je nach Profilform ergeben sich somit unterschiedlich hohe Kantenspannungen. Im Laufe der Jahre haben die Wälzlagerhersteller die Geometrie der Wälzkörper immer weiter optimiert. Die ersten Lager mit rein zylindrischen Wälzkörpern (siehe Abbildungen 4.12a bis 4.12c) wurden verbessert, indem abhängig vom Aspektverhältnis $\frac{\ell}{D_w}$ ballige Geometrien (siehe Abbildungen 4.12d bis 4.12f) für Rollen mit kleinem Aspektverhältnis und zylindrisch-ballige Geometrien (siehe Abbildungen 4.12g bis 4.12i) für Rollen mit großem Aspektverhältnis eingeführt wurden. Nachdem *Reusner* in [Reu77] eine verbesserte Berechnung der Wälzkörperbelastung ermittelte, wurde zuletzt das logarithmische

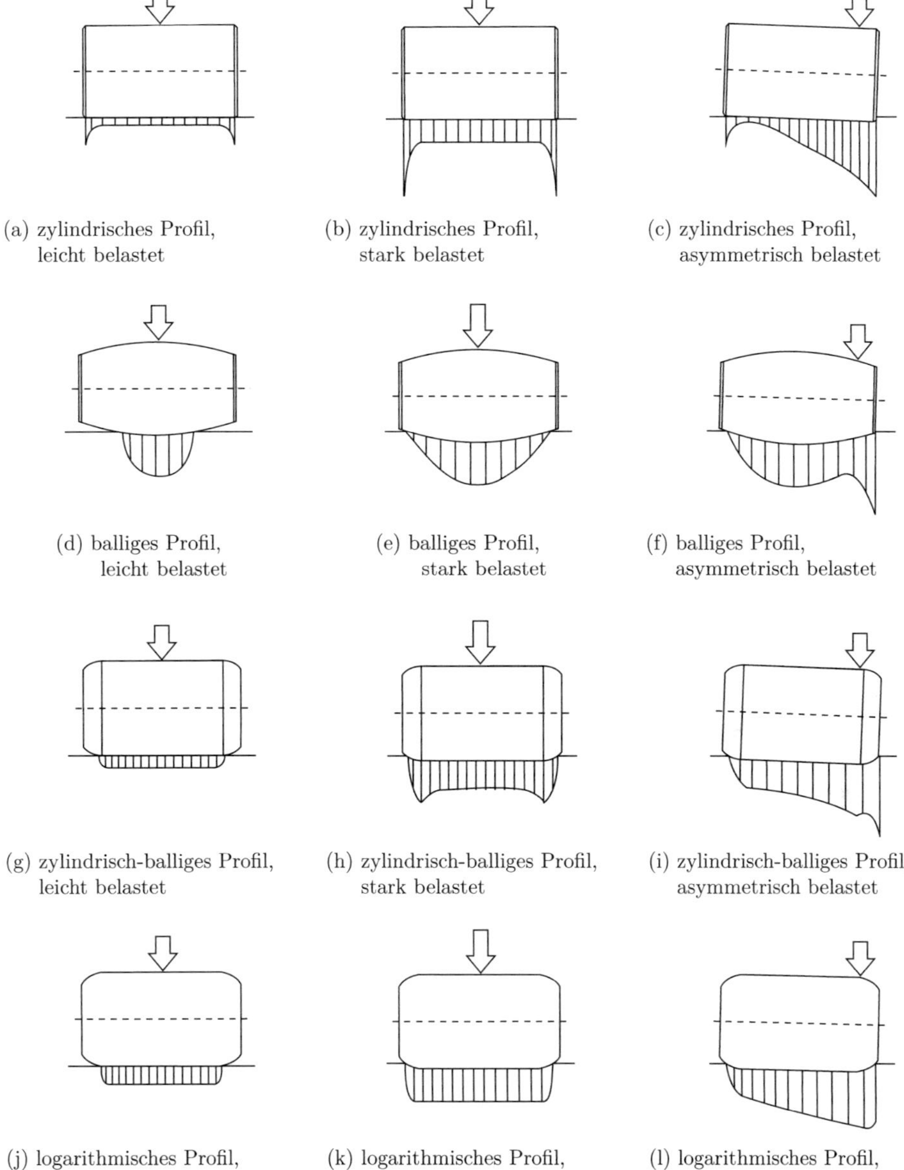

Abbildung 4.12: Materialbelastungen unterschiedlicher Wälzkörperprofile entlang der Kontaktlinie nach [Reu91]

Wälzlagerprofil eingeführt (siehe Abbildungen 4.12j bis 4.12l). Das logarithmische Profil führt gegenüber den anderen Profilen insbesondere dann zu einem geringeren Spannungsverlauf, wenn beträchtliche Schiefstellungen und hohe Belastungen vorliegen. Durch die Verringerung der Maximalspannungen ergibt sich dann eine erhöhte Lebensdauer der Wälzlager.

Bei den einfachen Scheibenmodellen in Abschnitt 4.2.3 wirken am Rand des Wälzkörpers die gleichen Linienlasten wie in der Wälzkörpermitte, sofern zylindrische Wälzkörper mit parallelen Rotationsachsen in den Ring gedrückt werden. In der Realität steigen die Linienlasten gemäß Abbildung 4.12 am Rand des Wälzkörpers jedoch deutlich an.
Die fehlende Überhöhung der Last am Wälzkörperrand wird im einfachen Scheibenmodell dadurch verursacht, dass die einzelnen Scheiben nicht voneinander abhängig sind. Da die Steifigkeit jeder einzelnen Scheibe unabhängig von der Verformung ihrer Nachbarn betrachtet wird, wirkt sich der stärkere Verformungsgradient am Rand nicht aus. Eine Annäherung des realen Spannungsverlaufs am Wälzkörper ist mit einem einfachen Scheibenmodell daher nicht möglich.

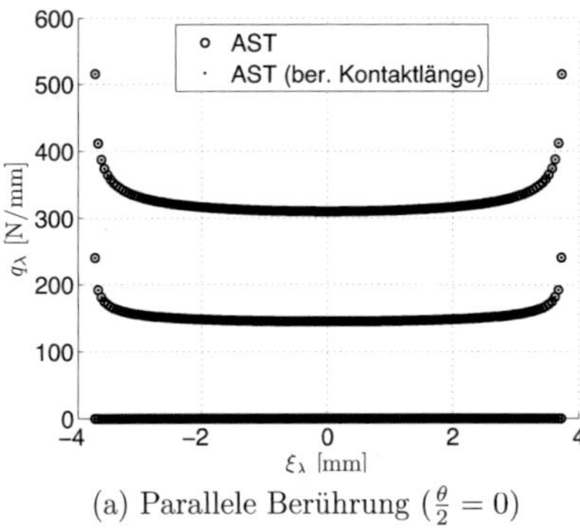

(a) Parallele Berührung ($\frac{\theta}{2} = 0$)

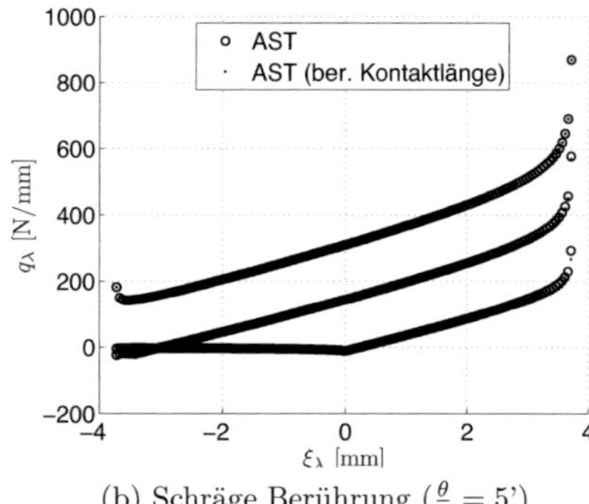

(b) Schräge Berührung ($\frac{\theta}{2} = 5$')

Abbildung 4.13: Linienlasten bei Berechnung mit dem AST-Modell nach [TS04] ohne Profilierung des Wälzkörpers bei Verschiebungen $\delta = 0$ mm, $0,05$ mm und $0,1$ mm

Teutsch und *Sauer* führen aus diesem Grund in [TS04] einen phänomenologischen Ansatz ein, mit dem sie diese Abhängigkeit der Scheiben untereinander berechnen. Sie benutzen als Grundlage die Kontaktgesetze nach *Dinnik* für Innen- und Außenring gemäß Gleichung (4.35). Mit den Nachgiebigkeiten

$$c_{AR} = 2,66 \left(\frac{\bar{t}}{1 + \frac{D_w}{d_m}} \right)^{0,09} \left(\frac{1 - \nu^2}{E} \right)^{0,91} \tag{4.47a}$$

$$c_{IR} = 3,17 \left(\frac{d_m}{2} \right)^{0,08} \left(\frac{1 - \nu^2}{E} \right)^{0,92} \tag{4.47b}$$

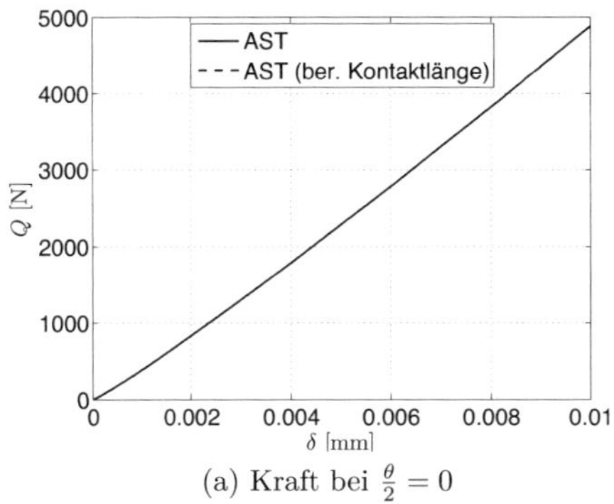

(a) Kraft bei $\frac{\theta}{2} = 0$

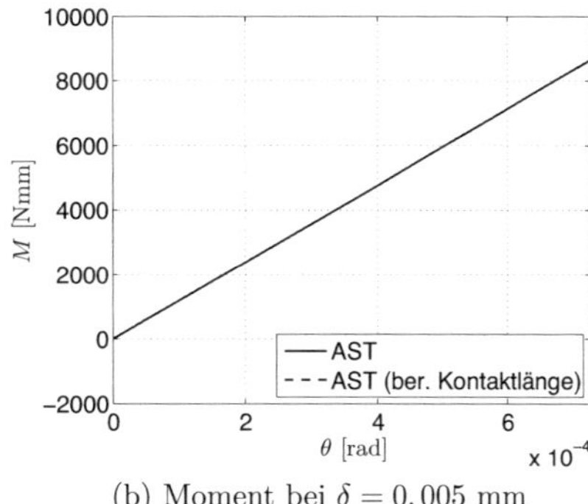

(b) Moment bei $\delta = 0{,}005$ mm

Abbildung 4.14: Reaktionskräfte und -momente an einem Wälzkörper bei Berechnung mit der Alternative Slicing Technique nach [TS04] ohne Profilierung des Wälzkörpers

der Gesamtkontakte ergeben sich Nachgiebigkeiten

$$s_{AR} = \frac{c_{AR}^{\frac{1}{0,91}}}{w_\lambda} \tag{4.48a}$$

$$s_{IR} = \frac{c_{IR}^{\frac{1}{0,92}}}{w_\lambda} \tag{4.48b}$$

pro Scheibe. *Teutsch* und *Sauer* führen eine symmetrische Einflussmatrix

$$\underset{\sim}{S} = \frac{k\,s}{\sum_{i,j} g_{i,j}} \begin{pmatrix} g_{1,1} & \cdots & g_{1,k} \\ \vdots & \ddots & \vdots \\ g_{k,1} & \cdots & g_{k,k} \end{pmatrix} \tag{4.49}$$

mit den Gewichtungen $g_{j,k}$ ein. Für den Quereinfluss treffen die Autoren die Annahme, dass der Einfluss nach *Singh* und *Paul* (siehe [SP74]) reziprok zum Abstand abnimmt. Für die Scheibe i ergibt sich somit abhängig vom Abstand von der Scheibe j jeweils die Gewichtung

$$g_{i,j} = \begin{cases} \frac{1}{r_{i,j}} & \text{für } i \neq j \\ \frac{4}{w_\lambda} & \text{für } i = j \end{cases} \tag{4.50}$$

mit dem Abstand $r_{i,j}$ zwischen den Scheiben. Um die Linienlasten in Abhängigkeit von der Scheibenverformung zu berechnen, wird das algebraische Gleichungssystem

$$\underset{\sim}{S}\,\underset{\sim}{q} = \underset{\sim}{\Delta} \tag{4.51}$$

mit Hilfe der Spaltenmatrix aller Verschiebungen gelöst, die für den Außenring

$$\underset{\sim}{\Delta}_{AR} = \begin{pmatrix} \delta_1^{\frac{1}{0,91}} \\ \vdots \\ \delta_k^{\frac{1}{0,91}} \end{pmatrix} \tag{4.52a}$$

beziehungsweise

$$\underset{\sim IR}{\Delta} = \begin{pmatrix} \delta_1^{\frac{1}{0,92}} \\ \vdots \\ \delta_k^{\frac{1}{0,92}} \end{pmatrix} \tag{4.52b}$$

für den Innenring lautet. Dadurch werden die Scheiben nicht unabhängig voneinander betrachtet. Stattdessen wird nun das statische Gleichgewicht aller Scheiben der Rolle berechnet.

Löst man das Gleichungssystem ohne Berücksichtigung der Kontaktlänge, entstehen negative Linienlasten an unbelasteten Scheiben (siehe Abbildung 4.13b). In der Realität können allerdings nur posititve Linienlasten auftreten, da ansonsten der Wälzkörper in den Gegenkörper gezogen würde, was nicht der physikalischen Realität entspricht. Daher dürfen bei der Berechnung der Linienlasten nur die Scheiben berücksichtigt werden, die tatsächlich im Kontakt sind.
Um dies sicherzustellen wird in jedem Rechenschritt überprüft, ob eine Scheibe negative Linienlast trägt. Ist dies der Fall, wird die Gleichung dieser Scheibe aus dem Gleichungssystem entfernt und das reduzierte Gleichungssystem gelöst. Dieser iterative Vorgang wird solange wiederholt, bis alle Scheiben nur Linienlasten größer oder gleich null tragen.
Die Anzahl der benötigten Iterationen ist in der Regel sehr klein - beispielsweise weniger als drei Iterationen bei 60 Scheiben.

Durch die Linearität des zu lösenden Gleichungssystems ergeben sich die selben Kräfte und Momente am Wälzkörper – unabhängig davon, ob berücksichtigt wird, welche Scheiben tatsächlich im Kontakt sind, oder alle Scheiben im Gleichungssystem verwendet werden (siehe Abbildung 4.14). Dies beruht darauf, dass alle Scheiben die gleiche (konstante) Steifigkeit besitzen und somit die Gesamtsteifigkeit der Rolle unabhängig davon ist, welche Scheibe welchen Anteil trägt.

Der Rechenaufwand für das Modell liegt bei der dritten Potenz k^3 der Scheibenanzahl. Damit ist der Aufwand deutlich höher als bei den einfachen Scheibenmodellen, da in jedem Belastungsschritt das lineare Gleichungssystem gelöst werden muss. Durch symbolische Matrixinversion in einem einmaligen, der eigentlichen Berechnung vorausgehenden Schritt, kann der Rechenaufwand bei konstanter Problemgröße auf die Ordnung k^2 reduziert werden, ist aber dennoch deutlich größer als der Aufwand einfacher Scheibenmodelle.

4.2.6 Scheibenmodell mit Korrekturfaktor (DIN ISO 281)

Da die Berechnung der Abhängigkeit der Scheiben vom Querschub gemäß Abschnitt 4.2.5 oder gar Abschnitt 4.2.1 sehr großen Rechenaufwand verursacht, würde die Berechnung der Kräfte aller Wälzkörper im generischen Maschinenelement sehr lange dauern. Simulationen eines Gesamtmaschinenmodells mit mehreren Wälzlagern wären dann nicht mehr in akzeptabler Zeit durchführbar.
Ein Weg, dieses Dilemma zwischen Genauigkeit und Rechenzeit zu lösen, besteht darin,

in einer einmaligen Rechnung für ein bestimmtes Wälzkörperprofil c_λ die Überhöhung der Linienlasten am Wälzkörperrand zu bestimmen.

Da die Wälzkörpergeometrie entscheidend für Lebensdauer und Leistungsfähigkeit der Lager ist, ist die Geometrie in der Regel ein Betriebsgeheimnis des Wälzlagerherstellers. Somit ist das exakte Wälzkörperprofil in der Regel unbekannt.
Reusner schlägt in [Reu91] ein logarithmisches Profil zur Reduktion der Kantenspannungen am Wälzkörper vor. Da dieses Profil als Näherung für die moderne Wälzkörpergeometrie betrachtet werden kann, ist es zweckmäßig, für dieses Profil die Überhöhung der Linienlasten an der Wälzkörperkante zu berechnen.

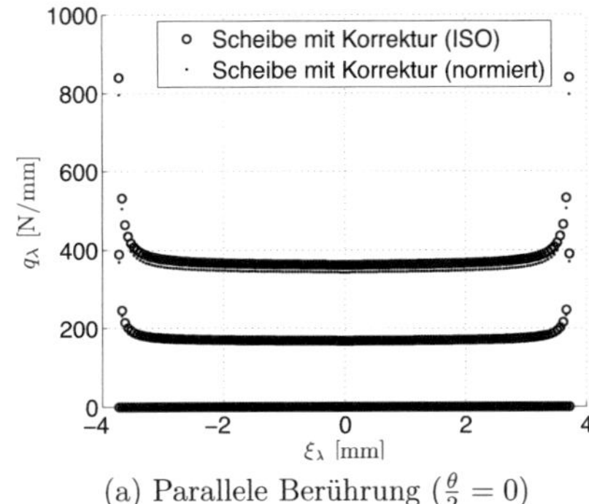

(a) Parallele Berührung ($\frac{\theta}{2} = 0$)

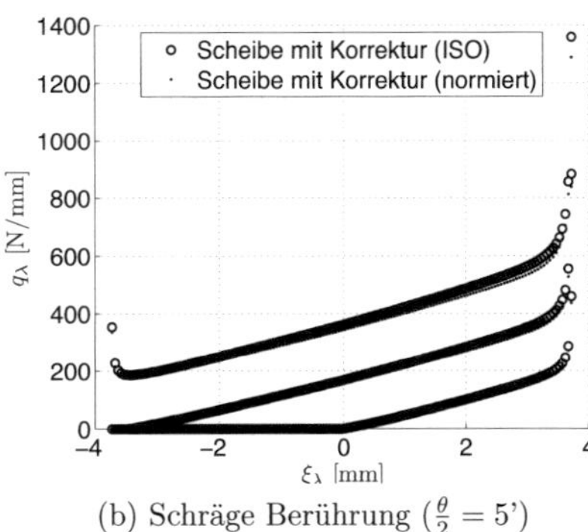

(b) Schräge Berührung ($\frac{\theta}{2} = 5'$)

Abbildung 4.15: Linienlasten für Scheibenmodelle mit Korrekturfaktor ohne Profilierung des Wälzkörpers bei Verschiebungen $\delta = 0$ mm, $0,05$ mm und $0,1$ mm

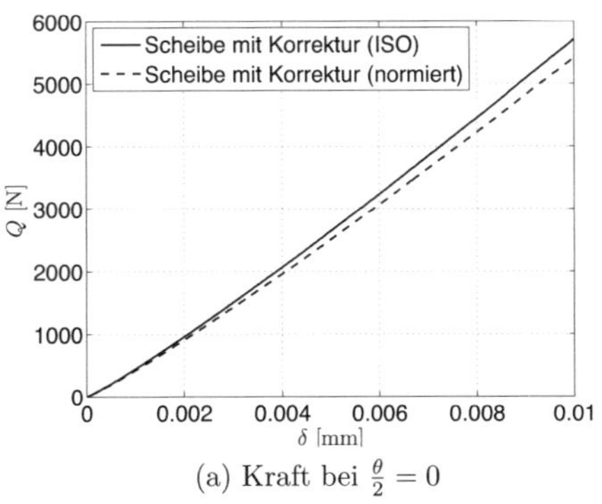

(a) Kraft bei $\frac{\theta}{2} = 0$

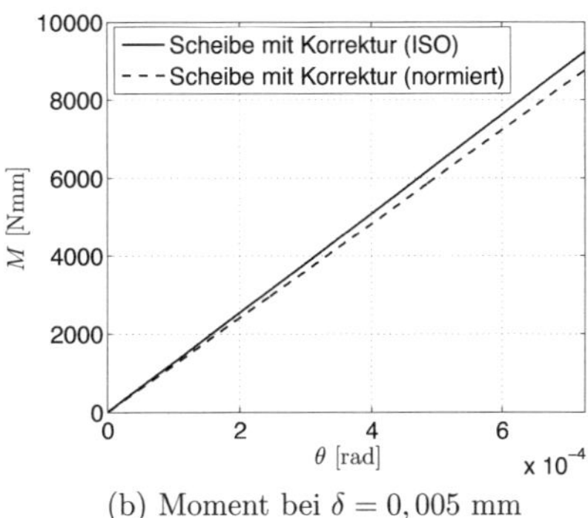

(b) Moment bei $\delta = 0,005$ mm

Abbildung 4.16: Reaktionskräfte und -momente an einem Wälzkörper bei Berechnung mit Scheibenmodellen mit Korrekturfaktor ohne Profilierung des Wälzkörpers

In der Norm *DIN ISO 281* (siehe [DIN03]) werden daher das logarithmische Profil sowie typische Wälzlagermaterialien vorausgesetzt, um einen Korrekturfaktor f_λ für die Linienlasten zu bestimmen.

Dazu wird ein Kontaktgesetz nach Lundberg benutzt. Die Scheibenlast ergibt sich nach [Lun39] zu

$$q_\lambda = \frac{\delta^{1,11}}{1,24 \cdot 10^{-5} \left(\sum\limits_{\text{(in Kontakt)}} w_\lambda \right)^{0.11}} \frac{\text{N}}{\text{mm}^2} \; . \tag{4.53}$$

Um die Spannungsüberhöhung an den Kanten der Rolle abzubilden, wird gemäß der Norm ein Korrekturfaktor

$$f_\lambda \; = \; 1 - \frac{0,01}{\ln\left(1,985 \left| \frac{2\lambda - k - 1}{2k - 2} \right| \right)} \tag{4.54}$$

mit der Linienlast

$$q_{\lambda,korr.} = q_\lambda \, f_\lambda \tag{4.55}$$

aus dem einfachen Scheibenmodell multipliziert, um die Überhöhung der Lasten am Wälzkörperrand abzubilden.

Als Profilierung wird bei linearer Scheibenverteilung

$$\xi_\lambda = \left(\lambda - \frac{1}{2} \right) w - \frac{1}{2} \ell \tag{4.56}$$

ein logarithmisches Norm-Profil gemäß *DIN ISO 281* [DIN03]

$$c_\lambda = \begin{cases} -0,0005 \, D_w \ln\left(1 - \left(\frac{4|\xi_\lambda| - (2\ell - 5D_w)}{5D_w} \right)^2 \right) & \text{wenn } |\xi_\lambda| > \frac{2\ell - 5D_w}{4} \\ 0 & \text{sonst} \end{cases} \tag{4.57}$$

für Wälzkörper mit großem Aspektverhältnis von Länge ℓ zu Durchmesser D_w verwendet ($\ell > 2,5D_w$). Für kleine Aspektverhältnisse ($\ell \le 2,5D_w$) ist das Profil durch die Gleichung

$$c_\lambda = -0,00035 \, D_w \ln\left(1 - \left(\frac{2\xi_\lambda}{\ell} \right)^2 \right) \tag{4.58}$$

definiert.

Die sich ergebende Gesamtkraft am Wälzkörper ist bei Berechnung mit Korrekturfaktor f_λ für die Spannungsüberhöhung geringfügig höher als die ohne Spannungsüberhöhung (vergleiche Abbildungen 4.9 und 4.16). Daher leitet Teutsch in [Teu05] ein normiertes Modell von dem Modell mit Korrekturfaktor aus [DIN03] ab.

Die Linienlasten werden zunächst aus dem Modell nach DIN ISO 281 berechnet. Anschließend werden sie so normiert, dass die resultierende Gesamtkraft am Wälzkörper der entspricht, die sich bei Berechnung mit dem Scheibenmodell von *Dinnik* gemäß Abschnitt 4.2.3 ergibt. Dazu wird ein normierter Korrekturfaktor

$$\overline{f}_\lambda = \frac{f_\lambda}{\sum\limits_{k} f_\lambda} \tag{4.59}$$

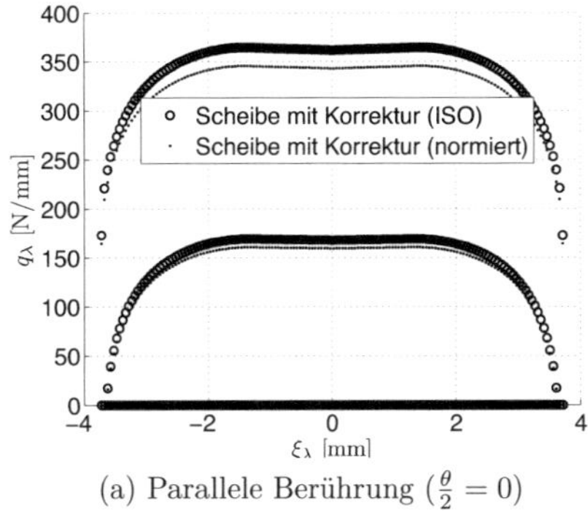

(a) Parallele Berührung ($\frac{\theta}{2} = 0$)

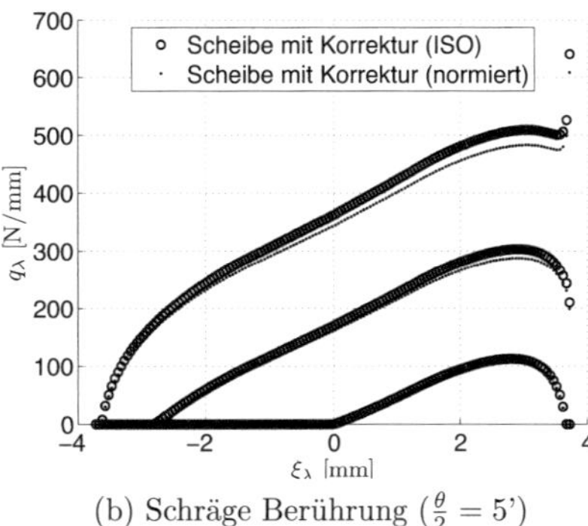

(b) Schräge Berührung ($\frac{\theta}{2} = 5$')

Abbildung 4.17: Linienlasten für Scheibenmodelle mit Korrekturfaktor mit Wälzkörperprofil nach DIN ISO 281 bei Verschiebungen $\delta = 0$ mm, $0,05$ mm und $0,1$ mm

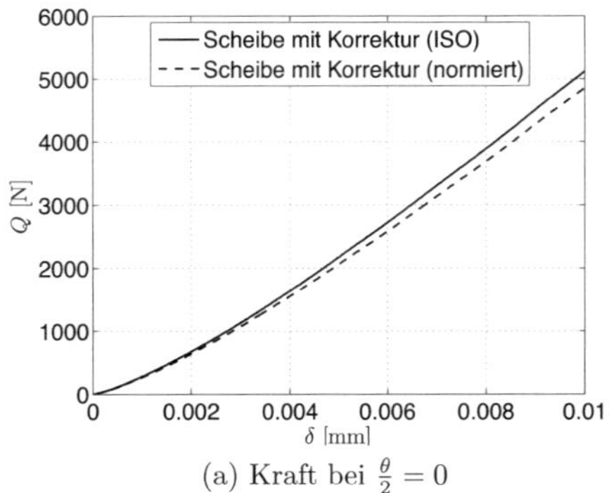

(a) Kraft bei $\frac{\theta}{2} = 0$

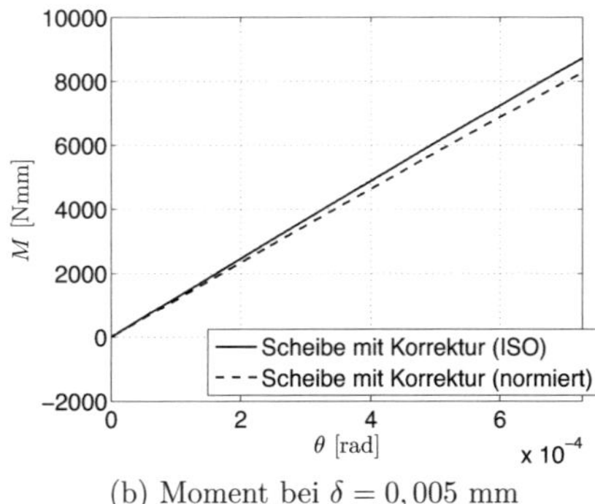

(b) Moment bei $\delta = 0,005$ mm

Abbildung 4.18: Reaktionskräfte und -momente an einem Wälzkörper bei Berechnung mit Scheibenmodellen mit Korrekturfaktor mit Wälzkörperprofil nach DIN ISO 281

berechnet, der statt dem ursprünglichen in Gleichung (4.55) eingesetzt wird. Die rückstellende Kraft entspricht dann der des einfachen Scheibenmodells nach *Dinnik*. Das Moment liegt zwischen dem des einfachen Scheibenmodells und dem der ISO-Norm. Ursache hierfür ist, dass die Linienlasten am Rand leicht niedriger liegen als beim ISO-Modell, aber höher als beim Modell ohne Korrekturfaktor.

Im Vergleich zwischen profilierten (siehe Abbildung 4.17) und unprofilierten Wälzkörpern (siehe Abbildung 4.15) sinkt die Linienlast der äußeren Scheiben beim Wälzkörper mit logarithmischem Profil deutlich.

Bei Eindrücken eines profilierten Wälzkörpers parallel zur Ringkante (vergleiche Abbildungen 4.15a und 4.17a) fallen die Lasten zum Rand hin sogar ab. Dies bedeutet, dass bei unverkippten Wälzlagern die Kantenspannungen aufgrund des geeigneten Profils vollständig abgebaut sind. Dadurch wird die Maximalbelastung des Wälzkörpers verringert und die Lebensdauer erhöht.

Der Rechenaufwand für die Berechnung hat wie bei den einfachen Scheibenmodellen die Ordnung der Scheibenanzahl k. Selbst bei hohen Scheibenzahlen wächst somit der Aufwand nur linear an.

Zusätzlich bietet das Berechnungsmodell nach DIN ISO 281 auch den Vorteil, dass für die berechneten Linienlasten im Rahmen der Norm direkt die zu erwartende Ermüdungslebensdauer des Lagers berechnet werden kann.

4.2.7 Berechnung der Kraft am Wälzkörper für Scheibenmodelle

Bei der Vorstellung der Modelle wurde bisher die Durchdringung δ_λ jeder Scheibe als bekannt vorausgesetzt. Wie bereits in Kapitel 3 beschrieben, wird die Position des Wälzkörpers durch kinematische Bedingungen festgelegt. Es wird angenommen, dass sich der Wälzkörper in der Mitte zwischen den zwei Ringen befindet und sich halb so stark verkippt wie die Ringe zueinander.

Damit ergibt sich die Durchdringung

$$\delta_\lambda = \frac{s_{rad,i}}{2} + \xi_\lambda \sin\left(\frac{\theta}{2}\right) - c_\lambda \cos\left(\frac{\theta}{2}\right) - \frac{G_{rad}}{4} \text{ für } \delta_\lambda > 0 \tag{4.60}$$

einer Scheibe λ aus der radialen Verschiebung $s_{rad,i}$ und der Verkippung θ der Lagerringe zueinander sowie dem Laufbahnprofil c_λ und dem radialen Lagerspiel G_{rad} des Wälzkörpers (siehe Abbildung 4.19). Die Verschiebung und Verkippung der Ringe werden dabei gemäß Abschnitt 3.2 ermittelt.

Die Linienlast q_λ an einer Scheibe wird anschließend aus ihrer Durchdringung δ_λ gemäß den in Abschnitt 4.2.3 bis Abschnitt 4.2.6 gezeigten Kontaktgesetzen bestimmt. Dabei wird angenommen, dass die Berührung zweier zylindrischer Scheiben so erfolgt, dass die Symmetrieachsen der Rollen parallel zueinander stehen. Da die Verkippung zwischen Wälzkörper und Ring sehr klein ist, wird die Schrägstellung der Kontaktpartner vernachlässigt.

Das Kontaktprofil des Wälzkörpers wird nur in Form des Scheibendurchmessers berücksichtigt. Die Krümmung der Kontaktfläche der einzelnen Scheiben aufgrund des Profils wird hingegen vernachlässigt.

Kraft und Moment am Wälzkörper i

$$Q_{rad,i} = \sum_{\lambda=1}^{k} \left(w\, q_\lambda\right) \tag{4.61a}$$

$$M_{rad,i} = \sum_{\lambda=1}^{k} \left(w\, q_\lambda\, \xi_\lambda \cos\frac{\theta}{2}\right) \tag{4.61b}$$

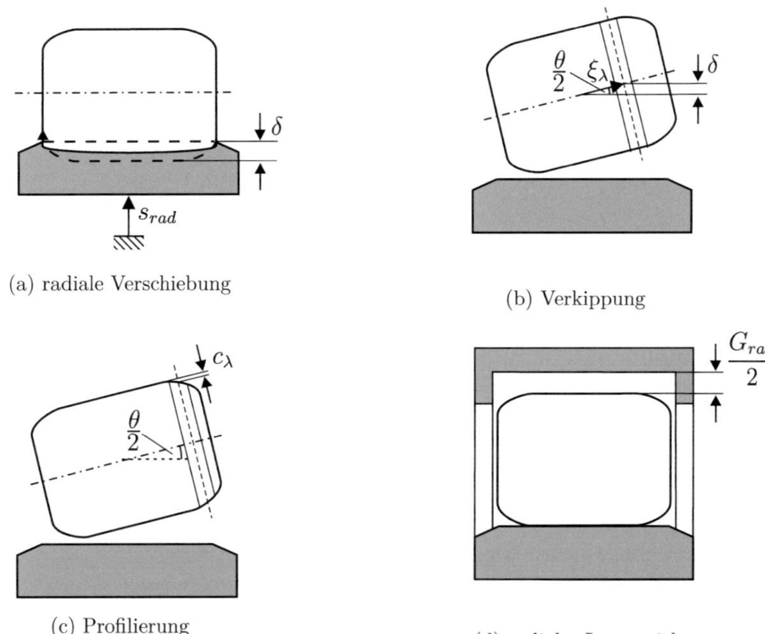

(a) radiale Verschiebung

(b) Verkippung

(c) Profilierung

(d) radiales Lagerspiel

Abbildung 4.19: Einflüsse auf die Durchdringung

ergeben sich dann durch Summation über alle Scheiben mit Hilfe des Abstandes ξ_λ vom Wälzkörpermittelpunkt.

4.3 Implementierung als FORTRAN-Routinen

Zur Berechnung der Kräfte am Wälzkörper in radialer Richtung werden die folgenden Annahmen für die Lagerbelastung getroffen:

- Die Wälzkörper werden mit geringen Umfangsgeschwindigkeiten bewegt, sodass Massenkräfte vernachlässigt werden können.

- Der Wälzkörper befindet sich im Kräftegleichgewicht, es wirkt also die selbe Kontaktkraft an Außen- und Innenring.

- Der Mittelpunkt des Wälzkörpers befindet sich zu jedem Zeitpunkt in der Mitte zwischen den Laufbahnen von Außen- und Innenring.

- Die Verkippung einer Rolle ist gerade halb so groß wie die Verkippung der Ringe θ.

- Der Kontakt in radialer Richtung ist unabhängig von der Belastung in axialer oder tangentialer Richtung.

- Nimmt die Durchdringung δ negative Werte an, so ist der Wälzkörper in radialer Richtung kräftefrei.

Dadurch können die rückstellenden Kräfte am Lager durch Summation über alle Wälzkörper ermittelt werden.

Alle geschilderten Kontaktgesetze wurden als Subroutinen im FORTRAN-Modul `Module_Kontakt` für die Verwendung in NEEDLE3D VX implementiert. Für die Kugellager wird in BEARING3D VX ein Kontakt nach *Hertz* verwendet.

Als Standardmodell für die Rollenlager wurde das Modell nach DIN ISO 281 aus Abschnitt 4.2.6 eingestellt. Das Modell aus der Norm DIN ISO 281 bietet gegenüber den anderen Modellen eine sehr viel geringere Rechenzeit bei vergleichbarer Güte des Belastungsverlaufs entlang des Wälzkörpers. Vergleicht man die Kräfte verschiedener Modelle (siehe Abbildung 4.20), kommt die Berechnung mit dem Modell nach DIN ISO 281 am nächsten an die Ergebnisse aus der numerischen Integration nach *Ahmadi* heran, die den geringsten Modellierungsfehler aufweist.
Schneller als mit diesem Modell wird die Belastung nur mit dem Modell nach *Houpert* aus Abschnitt 4.2.4 berechnet, das allerdings keine Aussage über die Kantenspannungen liefert.
Die Berechnung mit dem Modell aus der DIN ISO-Norm ist zwar nur für das in der Norm aufgeführte Wälzkörperprofil möglich, jedoch ist dies aufgrund des zumeist unbekannten exakten Profils der Wälzlager eine gute Näherung. Darüber hinaus ist mit dem Modell eine konsistente Berechnung der Ermüdungslebensdauer gewährleistet.

Neben den hier vorgestellten Kräften aus der Steifigkeit der Kontaktstellen werden auch Dämpfungskräfte berücksichtigt. Diese werden gemäß [Oes04] in Abhängigkeit von Steifigkeit und Geschwindigkeit zwischen Wälzkörper und Ring modelliert.

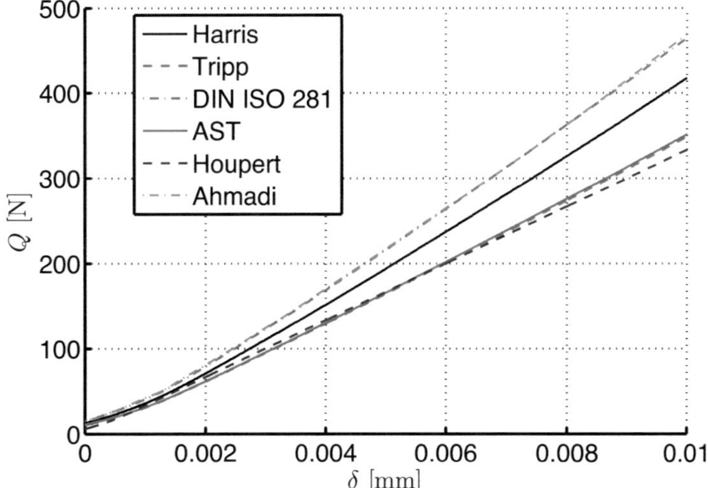

Abbildung 4.20: Vergleich verschiedener Normalkraftmodelle an einer Rolle mit $\ell = 2\ mm$ bei $\frac{\theta}{2} = 5'$

5 Modellierung der Reibungsverluste im Lager

Bisher wurde nur die Radial- und Kippdynamik des Lagers betrachtet. Da die Lagerung mitunter einen bedeutenden Teil der Energieverluste in einer Maschine hervorruft, ist das Reibmoment des Lagers von großer Bedeutung. Daher wird im generischen Maschinenelement die Berechnung der Lagerreibmomente in Abhängigkeit von der Betriebssituation berücksichtigt.

Die Anfänge der Reibungsberechnung liegen bei *Coulomb*s Gesetz der Festkörperreibung. Dieses führt in [Cou85] einen Reibbeiwert

$$\mu = \frac{F_R}{F_N} \tag{5.1}$$

ein, welcher einen direkten Zusammenhang zwischen der Normalkraft F_N und der Reibkraft F_R in tangentialer Richtung beschreibt.
Stribeck formuliert in [Str01, 123ff.] anhand von Messungen einen phänomenologischen Ansatz. Dieser verknüpft – analog zum *Coulomb*schen Gesetz – die Lagerbelastung F mit dem resultierenden Reibmoment

$$M_R = \mu_R \frac{d_m{}^2}{D_w} F \tag{5.2}$$

des Wälzlagers. Die Lagerbelastung

$$F = \sqrt{F_{ax}{}^2 + F_{rad}{}^2} \tag{5.3}$$

stellt dabei den Betrag der Kraftkomponenten in axialer und radialer Richtung dar. Der mittlere Lagerdurchmesser

$$d_m = \frac{d_i + D_a}{2} \tag{5.4}$$

errechnet sich als Mittelwert der Außengeometrie, also von Bohrungsdurchmesser d_i und Außendurchmesser D_a des Lagers. Der Reibbeiwert μ dieses Modells wird empirisch bestimmt. In Abbildung 5.1 ist der charakteristische Verlauf von Reibbeiwert und zugehörigen Reibmomenten eines Wälzlagers dargestellt.
Stribeck untersucht in [Str02, S.1463ff] die Abhängigkeit des Reibbeiwerts von Rollenlagern von der Belastung F.
Palmgren gibt für die Reibbeiwerte von Wälzlagern in [Pal50] erstmals Messwerte an. Er interessiert sich weniger für die Ursachen der Reibung als eine pragmatische Beschreibung der resultierenden Reibmomente. 1957 veröffentlichte er daher in [Pal57] eine Formel, die das Gesamtreibmoment

$$M_R = M_0 + M_1 \tag{5.5}$$

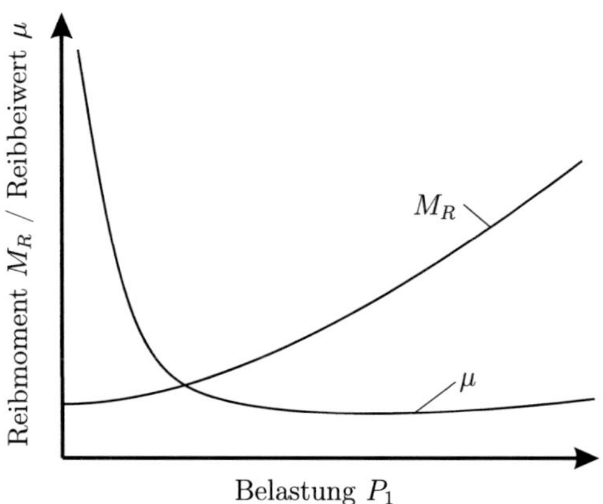

Abbildung 5.1: Charakteristischer Verlauf von Reibbeiwert μ und Reibmoment M_R eines Wälzlagers in Abhängigkeit der Belastung P_1 nach [Brä98]

von Wälzlagern in einen drehzahlabhängigen Teil

$$M_0 = f_0\, d_m{}^3 \left(\frac{\nu\, n}{\mathrm{mm}^2\, \mathrm{min}^{-1}\, \mathrm{s}^{-1}} \right)^{\frac{2}{3}} \frac{\mathrm{N}}{\mathrm{mm}^2} \tag{5.6}$$

sowie einen lastabhängigen Teil

$$M_1 = f\, F \left(\frac{F}{C_0} \right)^c \tag{5.7}$$

unterteilt. Der Exponent c ist bauartspezifisch und nimmt Werte zwischen 0 und $0{,}55$ an. Der drehzahlabhängige Anteil M_0 hängt in erster Linie von der Drehzahl n, vom mittleren Lagerdurchmesser d_m sowie von der Betriebsviskosität ν ab. Die Konstante f_0, welche die Bauform und Größe des Lagers sowie die vom Schmierstoffverhalten abhängigen Verluste berücksichtigt, wird experimentell ermittelt.

Der lastabhängige Anteil M_1 entspricht dem Reibmoment nach Gleichung (5.2). F ist die Belastung des Lagers; C_0 ist die statische Tragfähigkeit des Lagers.

Das lastabhängige Reibmoment M_1 geht insbesondere aus Gleitreibungs- und elastischen Hystereseerscheinungen hervor. Es verändert sich maßgeblich mit den Normalkräften in den Kontakten und somit der Belastung F des Lagers. Weiterhin spielen Lagerbauform und -größe eine Rolle, sodass ein weiterer bauartabhängiger Koeffizient f angegeben wird. Ein typischer Verlauf von M_0 und M_1 in Abhängigkeit der Belastung ist in Abbildung 5.2 zu sehen.

Falls das Lager mit Fett geschmiert wird, stellt sich die Schmiermittelmenge abhängig von Lagerbelastung und Temperatur selbst ein. Dies geschieht, da die Seifenmatrix des Fettes das Schmieröl in Abhängigkeit von der Temperatur unterschiedlich gut binden kann. Durch höhere Belastung steigen die Temperaturen in der Kontaktzone, wodurch die Bindefähigkeit der Matrix sinkt und mehr Öl freigegeben wird. Durch die größere

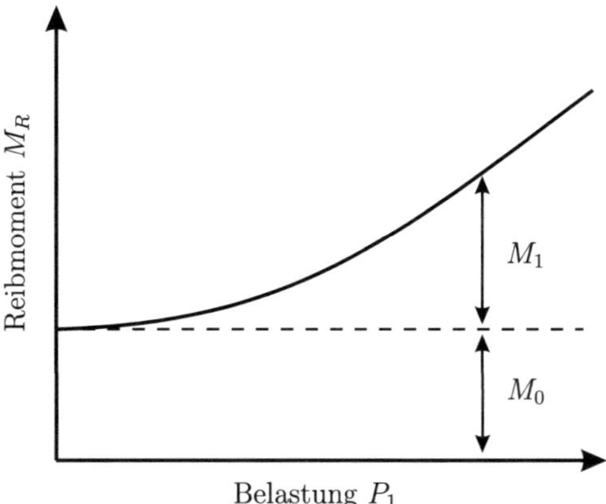

Abbildung 5.2: Reibmoment M_R in Abhängigkeit von der Belastung P_1 nach [Pal50]

Schmiermittelmenge werden die Schmierbedingungen verbessert und somit die Temperatur im Kontakt reduziert. Aufgrund dieser selbstoptimierenden Schmierbedingungen wird das drehzahlabhängige Reibmoment M_1 bei Fettschmierung halbiert.

Für die Berechnung des Reibmoments bei Fettschmierung wird nur von den Eigenschaften des Grundöls ausgegangen. Der Einfluss des Verdickers bzw. der zugegebenen Additive auf die Betriebseigenschaften wird in diesem Fall vernachlässigt.

5.1 Berechnung des Lagerreibmoments nach FAG (1999)

Kunert entwickelt in [Kun64] für den Wälzlagerhersteller FAG die Modelle zur Berechnung der Lagerreibmomente von *Palmgren* weiter. Dazu werden die notwendigen Eingangsparameter mittels Versuchen an die Geometrie moderner Wälzlager angepasst. Da sich in den folgenden Jahren die Geometrie der Lager immer wieder verändert, wird das Modell regelmäßig an die aktuelle Geometrie angepasst.

Im aktuellen Reibungsmodell des Wälzlagerherstellers in [INA10], setzt sich das Reibmoment wiederum aus einem drehzahlabhängigen Anteil M_0 und einem lastabhängigen Anteil M_1 gemäß Gleichung (5.5) zusammen. Die beiden Anteile werden nun allerdings in Abhängigkeit von der äquivalenten Belastung P_1 gemäß Gleichungen (5.10) und (5.11) bestimmt, sodass sich die Zahlenwertgleichungen

$$M_0 = \begin{cases} 16 \cdot 10^{-6}\, f_0\, d_m{}^3\, \frac{\mathrm{N}}{\mathrm{mm}^2} & \text{für } \nu n < 2000\, \frac{\mathrm{mm}^2}{\mathrm{s\,min}} \\[2mm] 10^{-7}\, f_0\, d_m{}^3 \left(\frac{\nu n}{\mathrm{mm}^2\,\mathrm{s}^{-1}\,\mathrm{min}^{-1}} \right)^{\frac{2}{3}} \frac{\mathrm{N}}{\mathrm{mm}^2} & \text{für } \nu n \geq 2000\, \frac{\mathrm{mm}^2}{\mathrm{s\,min}} \end{cases} \tag{5.8}$$

und

$$M_1 = f_1 d_m\, P_1 \tag{5.9}$$

Baureihe	Lagerbeiwert f_0		Lagerbeiwert f_1
	Fett, Ölnebel	Ölbad, Ölumlauf	
618, 618..-2Z, (2RSR)	1,1	1,7	$0,0005\left(\frac{P_0}{C_0}\right)^{0,5}$
160	1,1	1,7	$0,0007\left(\frac{P_0}{C_0}\right)^{0,5}$
60, 60..-2RSR, 60..-2Z, 619, 619..-2Z, (2RSR)	1,1	1,7	$0,0007\left(\frac{P_0}{C_0}\right)^{0,5}$
622..-2RSR	1,1	-	$0,0009\left(\frac{P_0}{C_0}\right)^{0,5}$
623..-2RSR	1,1	-	$0,0009\left(\frac{P_0}{C_0}\right)^{0,5}$
62, 62..-2RSR,62..-2Z	1,3	2	$0,0009\left(\frac{P_0}{C_0}\right)^{0,5}$
63, 63..-2RSR, 63..-2Z	1,5	2,3	$0,0009\left(\frac{P_0}{C_0}\right)^{0,5}$
64	1,5	2,3	$0,0009\left(\frac{P_0}{C_0}\right)^{0,5}$
42..-B	2,3	3,5	$0,0010\left(\frac{P_0}{C_0}\right)^{0,5}$

Tabelle 5.1: Lagerbeiwerte zur Reibmomentenberechnung nach FAG für verschiedene Rillenkugellager aus [FAG06]

für den last- und drehzahlabhängigen Anteil des Reibmoments ergeben.[1]

Die Lagerbeiwerte f_0 und f_1, sowie die maßgebliche Belastung P_1 werden nach [INA10] abweichend zu den von *Kunert* und *Palmgren* ermittelten Werten für Rillenkugellager berechnet. Die baureihenspezifischen Beiwerte finden sich in Tabellen 5.1 und 5.2 gemäß Herstellerkatalog [FAG06].

Bei rein radialer Beanspruchung entspricht die äquivalente Belastung

$$P_1 = F_{rad} \tag{5.10}$$

der radialen Last.

1964 erkennt *Kunert* in [Kun64] die Bedeutung des Einflusses des Verhältnisses von Axial- und Radiallast. Die dynamisch äquivalente Belastung P_1 entspricht daher einer Kennzahl für die Überlagerung von axialer und radialer Belastung des Lagers. Für kombinierte Lastfälle setzt sich die äquivalente Belastung

$$P_1 = X\,F_{rad} + Y\,F_{ax} \tag{5.11}$$

mit Hilfe des lagerspezifischen Radialfaktors X und des Axialfaktors Y zusammen, die sich aus der Innengeometrie des Lagers ergeben.

Wie in Abbildung 5.3a zu sehen, liefert bei mittleren Lasten das lastabhängige Moment M_1 einen großen Grundanteil am Reibmoment. Der drehzahlabhängige Anteil M_0 ist bei $n \approx$ 2500 min^{-1} in etwa gleich groß und steigt nahezu linear an.

---

[1] Zusätzlich zu diesen zwei Reibungsanteilen gibt es im Modell von FAG noch die Möglichkeit, die Reibung axial tragender Zylinderrollenlager zu berechnen. Diese resultiert aus dem Gleiten der Zylinder an den Borden. Da ein solcher Betrieb für das generische Maschinenelement nicht vorgesehen ist, wird dieser Reibanteil hier nicht weiter erläutert.

Baureihe	Lagerbeiwert f_0		Lagerbeiwert f_1
	Fett, Ölnebel	Ölbad, Ölumlauf	
LSL1923	1	3,7	0,00020
ZSL1923	1	3,8	0,00025
2..-E	1,3	2	0,00030
3..-E	1,3	2	0,00035
4	1,3	2	0,00040
10, 19	1,3	2	0,00020
22..-E	2	3	0,00040
23..-E	2,7	4	0,00040
30	1,7	2,5	0,00040

Tabelle 5.2: Lagerbeiwerte zur Reibmomentenberechnung nach FAG für verschiedene Zylinderrollenlager mit Käfig aus [FAG06]

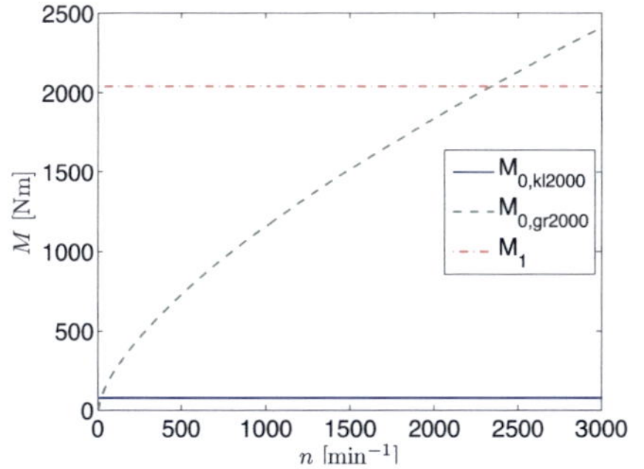

(a) Beiträge der verschiedenen Verlustmechanismen bei $\nu = 110$ cSt

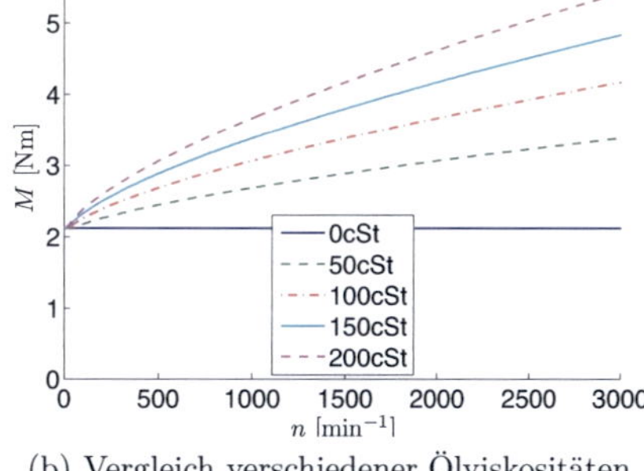

(b) Vergleich verschiedener Ölviskositäten

Abbildung 5.3: Reibmoment, berechnet mit dem Modell nach FAG für ein Lager vom Typ NU219-M1 mit $P_1 = F_{rad} = 50$ kN

In Abbildung 5.3b ist zu erkennen, dass gemäß dem Modell unabhängig vom Viskositätsbereich das gleiche lastabhängige Reibmoment M_0 berechnet wird. Allein der Anteil, der aus dem drehzahlabhängigen Moment M_1 hinzukommt, wird größer. So macht dieser bei einer Viskosität von $\nu = 50$ cSt 30% der Gesamtreibung aus. Bei einer Steigerung der Viskosität auf $\nu = 200$ cSt verdoppelt sich dieser Anteil auf 60%.

5.2 Berechnung des Lagerreibmoments nach SKF (2004)

Das Verfahren nach [INA10] erlaubt eine schnelle Abschätzung der Lagerreibung. Allerdings werden nur wenige Einflüsse im Modell berücksichtigt, sodass sich nur eine grobe Näherung der tatsächlichen Reibmomente ergibt (siehe Vergleich in Abbildung 7.13b).

Das Modell des Lagerherstellers SKF aus [SKF06] hat eine ähnliche Form wie das Modell von FAG aus Abschnitt 5.1. Grund hierfür ist, dass auch dieses Modell das ursprüngliche von *Palmgren* erweitert. Dabei werden bei SKF weitere Einflussgrößen ergänzt. Das Modell erlaubt dadurch eine wesentlich genauere Abschätzung der in Wälzlagern entstehenden Reibung, da mehr Eigenschaften von Schmierstoff und Schmiersituation abgebildet werden. So wird bei der Reibungsberechnung beispielsweise zwischen Schmierung mit Ölen und Fetten unterschieden. Das Modell fasst den aktuellen Forschungsstand zur Wälzlagerreibung in wenigen Formeln zusammen und ermöglicht so eine einfache Abschätzung der Lagermomente für vielfältige Schmiersituationen.

Das Modell beruht auf computergestützten SKF-Berechnungsmodellen. Zur Bestimmung der Koeffizienten für das Modell werden die an den Berührstellen im Lager entstehenden Roll- und Gleitreibungsanteile getrennt ermittelt und mit den Reibungsanteilen hervorgerufen durch Dichtungen und sonstige Einflussgrößen zum Gesamtreibmoment des Lagers zusammengefasst. Voraussetzungen für das Modell sind die folgenden Bedingungen:

- Fettschmierung oder herkömmliche Ölschmierverfahren, wie Ölbad-, Öl-Luft-, oder Öleinspritzverfahren,

- Belastungen gleich oder größer der Mindestbelastung,

- Belastungen in Größe und Richtung nahezu stationär,

- normales Betriebsspiel.

Das Gesamtreibmoment

$$M_R = \Phi_{ish}\, \Phi_{rs}\, M_{rr} + M_{sl} + M_{seal} + M_{drag} \tag{5.12}$$

setzt sich daher im Modell nach SKF aus vier Anteilen zusammen, die aus Zahlenwertgleichungen berechnet werden: Dem Rollreibmoment M_{rr}, dem Gleitreibmoment M_{sl}, dem Dichtungsreibmoment M_{seal} sowie dem Reibmoment bedingt durch Strömungs-, Plansch- oder Spritzverluste M_{drag}. Das Rollreibmoment wird durch den Schmierfilmdickenfaktor Φ_{ish} sowie den Schmierstoffverdrängungsfaktor Φ_{rs} beeinflusst.

5.2.1 Das Rollreibmoment M_{rr}

Das Rollreibmoment

$$M_{rr} = G_{rr} \left(\frac{\nu\, n}{\mathrm{mm^2\, s^{-1}\, min^{-1}}} \right)^{0,6} \tag{5.13}$$

entspricht physikalisch dem drehzahlabhängigen Reibmomet M_0 in Gleichung (5.8). Der Rollreibungsgrundwert G_{rr} ist abhängig von der Lagerbauform, dem mittleren Durchmesser d_m, der Radialbelastung F_{rad} sowie der Axialbelastung F_{ax}. Sein Wert lässt sich für Rillenkugellager durch

$$G_{rr} = R_1 \left(\frac{d_m}{\mathrm{mm}} \right)^{1,96} \left(\frac{F_{rad}}{\mathrm{N}} \right)^{0,54} \mathrm{Nmm} \tag{5.14a}$$

und für Zylinderrollenlager durch

$$G_{rr} = R_1 \left(\frac{d_m}{\mathrm{mm}}\right)^{2,41} \left(\frac{F_{rad}}{\mathrm{N}}\right)^{0,31} \mathrm{Nmm} \tag{5.14b}$$

bestimmen. Der Designbeiwert R_1 ist von Bauart und Größe des Lagers abhängig. In Tabelle 5.3 sind exemplarisch die Werte für zwei Bauarten aufgeführt.

Für Lager, die sowohl radial als auch axial belastet werden, wird zunächst – abhängig von der Lagerbauform – eine äquivalente Last F_{aeq} ausgerechnet und diese statt der radialen Last F_{rad} in Gleichung (5.14a) bzw. (5.14b) eingesetzt.[1]

Lagerbauform	6219 / 6217	NU219 / NU217
R_1	$3,9{\cdot}10^{-7}$	$1,09{\cdot}10^{-6}$
R_2	$1,7$	–

Tabelle 5.3: Designbeiwerte R_1 und R_2 zur Bestimmung des Rollreibmoments aus [SKF06]

Die Faktoren Φ_{ish} und Φ_{rs} werden in die Reibungsberechnung miteinbezogen, um die reibungsmindernden Einflüsse der wärmebedingten Schmierfilmdickenreduktion bzw. der drehzahlabhängigen Schmierstoffverdrängung aus dem Wälzkontakt berücksichtigen zu können.

Der Schmierfilmdickenfaktor Φ_{ish} hat seine Ursache in dem Sachverhalt, dass bei einem ausreichend mit Schmierstoff versorgten Lager nie die gesamte Schmierstoffmenge überrollt wird. Stattdessen wird nur eine kleine Menge des Schmierstoffs zum Aufbau des Schmierfilms genutzt. Ein Teil des Schmierstoffs wird weggespritzt, ein anderer Teil formiert sich zu einem Schmierstoffvorlauf vor der Kontaktzone von Wälzkörper und Laufbahn (siehe Abbildung 5.4). Dieser Vorlauf beansprucht den Schmierstoff auf Schub und erzeugt so-

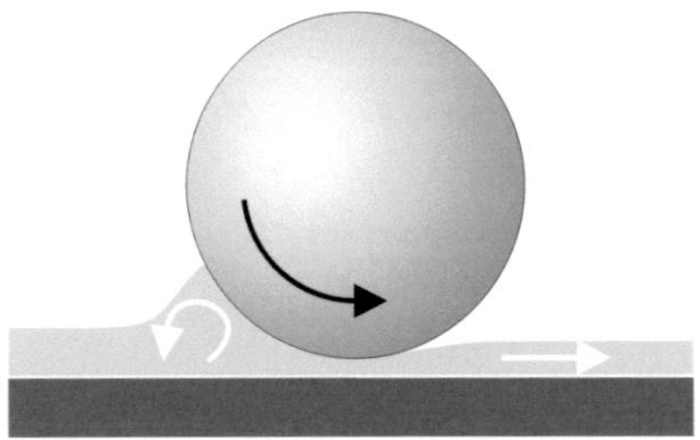

Abbildung 5.4: Schmierstoffvorlauf vor der Wälzkörper/Laufbahn-Kontaktzone aus [SKF06]

---

[1] Diese äquivalente Last, die für Rillenkugellager beispielsweise durch

$$F_{aeq} = F_{rad} + \frac{R_2}{\sin \alpha} F_{ax}$$

berechnet wird, entspricht nicht der dynamisch äquivalenten Belastung aus Gleichung (5.11).

mit Wärme. Durch die Erwärmung werden Viskosität und Schmierfilmdicke und damit letztendlich das Rollreibmoment M_{rr} herabgesetzt. Mit Hilfe des Schmierfilmdickenfaktors

$$\Phi_{ish} = \frac{1}{1 + 1,84 \, 10^{-9} \left(\frac{n \, d_m}{\mathrm{mm \, min^{-1}}}\right)^{1,28} \left(\frac{\nu}{\mathrm{mm^2 \, s^{-1}}}\right)^{0,64}} \tag{5.15}$$

wird diese reibungsmindernde Wirkung abgebildet.

Ein zweiter reibungsmindernder Einfluss wird mit Hilfe des Schmierstoffverdrängungsfaktors

$$\Phi_{rs} = \exp\left[-\frac{K_{rs} \, \nu \, n \, (d + D)}{\mathrm{mm^3 \, s^{-1} \, min^{-1}}} \sqrt{\frac{K_Z \, \mathrm{mm}}{2 \, (D_a - d_i)}}\right] \tag{5.16}$$

bestimmt. Dieser berücksichtigt, dass überschüssiger Schmierstoff durch ständiges Überrollen der Laufbahn aus der Kontaktzone verdrängt wird. Abhängig von der Viskosität fließt dieser unterschiedlich schnell in die Kontaktzone zurück. Die eigentliche Verdrängung des Schmierstoffs erfolgt bei jedem Überrollen des Laufrings durch einen Wälzkörper. Daher erhöht sich die Schmierstoffverdrängung mit der Drehzahl des Lagers. Durch sie verringert sich die Schmierfilmhöhe in der Kontaktzone und somit der Planschverlust durch das Eindringen der Wälzkörper in den Schmierstoff. Dieser Effekt tritt bei allen Schmierungsarten mit geringen Schmierstoffmengen – also Ölluft-, Ölbad- oder Fettschmierung – auf. Designbeiwerte R_1 und R_2 zur Bestimmung des Rollreibmoments sind Tabelle 5.3 zu entnehmen. Weitere zur Berechnung benötigten Designbeiwerte sind in Tabelle 5.4 exemplarisch für verschiedene Lagertypen und Schmierungsarten angegeben. Es ist zu erkennen, dass der Beiwert K_{rs} durch die Schmierungsart bestimmt wird, während der Designbeiwert K_Z nur von der Bauform des Lagers abhängt.

Lager Schmierung	6219 Fett	6219 Öl	NU219 Fett	NU219 Öl
K_Z	3,1	3,1	5,1	5,1
K_L	-	-	0,65	0,65
K_{rs}	$6 \cdot 10^{-8}$	$3 \cdot 10^{-8}$	$6 \cdot 10^{-8}$	$3 \cdot 10^{-8}$

Tabelle 5.4: Designbeiwerte K_Z, K_L und K_{rs} aus [SKF06]

5.2.2 Das Gleitreibmoment M_{sl}

Das Gleitreibmoment

$$M_{sl} = G_{sl} \, \mu_{sl} \tag{5.17}$$

ist analog zum Rollreibmoment abhängig von Lagerbauform, mittlerem Durchmesser d_m, Radialbelastung F_{rad} und Axialbelastung F_{ax} des Lagers.
Die Gleitreibungszahl μ_{sl} kann unter Voraussetzung eines ausreichend tragfähigen Schmierfilms näherungsweise durch einen Reibbeiwert gemäß dem von *Stribeck* in Gleichung (5.2)

betrachtet werden. Dieser Reibbeiwert wird mit Hilfe von Reibversuchen definiert. Er ist nicht allein von den Materialeigenschaften des Schmierstoffs abhängig, sondern wird auch durch die Kontaktgeometrie gemäß Tabelle 5.5 beeinflusst.

Lager	6219	NU219
μ_{EHD} für Syntheseöl	0,04	0,02
μ_{EHD} für Mineralöl	0,05	0,02

Tabelle 5.5: Reibbeiwert μ_{EHD} aus [SKF06]

Der Gleitreibungsgrundwert

$$G_{sl} = \left[S_1 \left(\frac{d_m}{\mathrm{mm}}\right)^{-0,26} \left(\frac{F_{rad}}{\mathrm{N}}\right)^{\frac{5}{3}} + S_2 \frac{\left(\frac{d_m}{\mathrm{mm}}\right)^{\frac{3}{2}}}{\sin(\alpha_F)} \left(\frac{F_{ax}}{\mathrm{N}}\right)^{\frac{4}{3}} \right] \mathrm{Nmm} \tag{5.18}$$

wird analog zum Rollreibungsgrundwert G_{rr} für Rillenkugellager ermittelt. Für Zylinderrollenlager errechnet sich der Gleitreibungsgrundwert zu

$$G_{sl} = S_1 \, d_m{}^{0,9} \mathrm{mm}^{0,1} F_{ax} + S_2 \, d_m \, F_{rad} \tag{5.19}$$

aus Anteilen in radialer und axialer Richtung mit Hilfe der Parameter aus Tabelle 5.6.

Lager	6219	NU219
S_1	$3,23{\cdot}10^{-3}$	0,16
S_2	36,5	0,0015

Tabelle 5.6: Designbeiwerte S_1 und S_2 zur Bestimmung des Gleitreibmoments aus [SKF06]

5.2.3 Das Reibmoment durch Strömungsverluste M_{drag}

Durch den Eintritt des Wälzkörperverbundes in den Schmierstoff werden Strömungsverluste hervorgerufen. Das strömungsverlustabhängige Reibmoment kann für Rollenlager aus

$$M_{drag} = 10 \, V_M \, K_{roll} \, B \, d_m{}^4 \, n^2 \, \frac{\mathrm{N \, min^2}}{\mathrm{mm^4}} \tag{5.20}$$

mit Hilfe des Beiwerts

$$K_{roll} = \frac{K_L \, K_Z \, (D_a + d_i)}{D_a - d_i} \, 10^{-12} \tag{5.21}$$

berechnet werden. Die benötigten Designbeiwerte K_L und K_Z (siehe Tabelle 5.4) sind die gleichen, die schon zur Berechnung des Rollreibmoments in Abschnitt 5.2.1 verwendet wurden. Die Ölwiderstandsvariable V_M wird nach Abbildung 5.5 bei Kenntnis der Füllstandshöhe $H_{Öl}$ des Öls ermittelt.

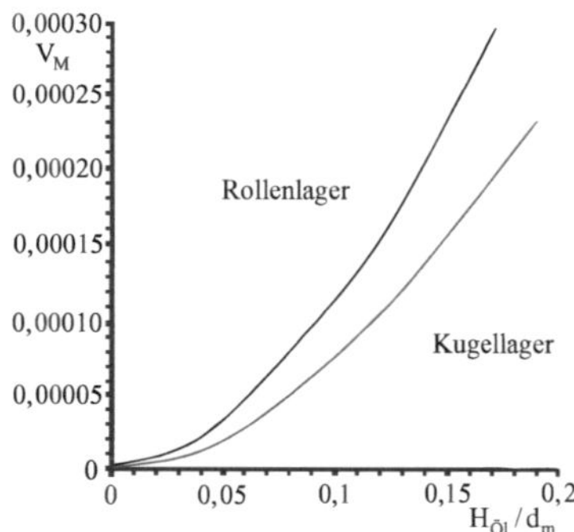

Abbildung 5.5: Bestimmung der Ölbadwiderstandsvariable V_M nach [SKF06] abhängig vom Ölfüllstand

5.2.4 Das Reibmoment von Berührungsdichtungen M_{seal}

Zusätzlich zu den Verlusten aus der Bewegung der Wälzkörper im Lager rufen berührende Dichtungen Reibverluste hervor. Das Reibmoment der Dichtungen

$$M_{seal} = K_{S1} \left(\frac{d_s}{\text{mm}} \right)^{\beta} + K_{S2} \tag{5.22}$$

bei einem beidseitig mit Berührungsdichtungen abgedichteten Lager ergibt sich aus den Beiwerten K_{S1} und K_{S2} für Lager und Dichtungsart sowie dem Durchmesser d_s, auf dem die Dichtung das Lager berührt. Beispiele für Beiwerte bei ausgewählten Dichtungstypen sind in Tabelle 5.7 exemplarisch aufgeführt.

Dichtungstyp	RZ	LS	RSH
β	0	2	2,25
K_{S1} [Nmm]	0	0,032	0,028
K_{S2} [Nmm]	0	50	2

Tabelle 5.7: Designbeiwerte zur Bestimmung des Reibmoments von Berührungsdichtungen aus [SKF06]

Im Dichtungsreibmoment M_{seal} wird der Wert für zwei Lagerdichtungen berechnet. Bei einseitig abgedichteten Lagern ist daher das Dichtungsreibmoment zu halbieren.

5.2.5 Überblick über das Verhalten des SKF-Modells

In Abbildung 5.6a sind die Verlustmechanismen im SKF-Modell anhand einer Rechnung mit einem Lager vom Typ FAG NU-219-E-TVP2 bei $F_{rad} = 50$ kN zu sehen. Dies entspricht einer mittleren Belastung des Lagers. Es ist zu erkennen, dass der Hauptanteil der Verluste schon bei geringen Drehzahlen n aus der Rollreibung stammt. Der Anteil der Planschverluste ist bei dieser Ölstandshöhe vernachlässigbar klein. Qualitativ sind drehzahlabhängige und lastabhängige Anteile ähnlich dem FAG-Modell in Abbildung 5.3a gut zu erkennen.

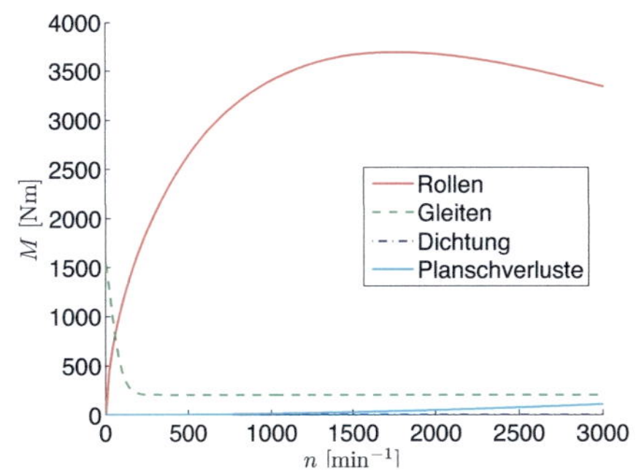

(a) Beiträge der verschiedenen Verlustmechanismen bei $\nu = 110$ cSt

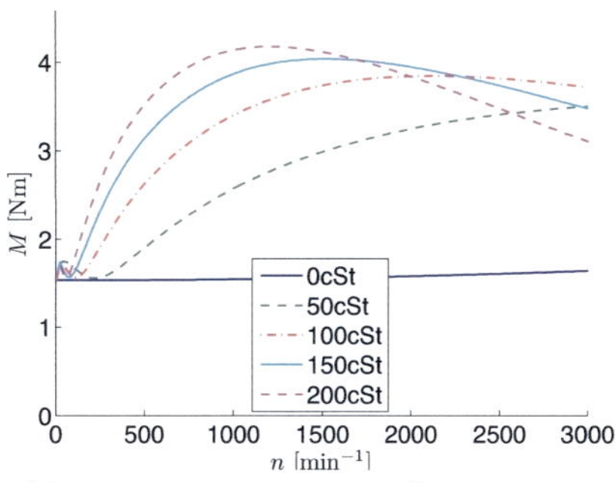

(b) Vergleich verschiedener Ölviskositäten

Abbildung 5.6: Reibmoment berechnet mit dem Modell nach SKF für ein Lager vom Typ FAG NU219-M1 mit $F_{rad} = 50$ kN

Bei hohen Drehzahlen vermindert der Schmierstoffverdrängungsfaktor Φ_{rs} das Reibmoment, da die Schmierfilmdicke reduziert ist. Abbildung 5.6b zeigt, dass daher das maximale Reibmoment nicht bei der höchsten Drehzahl auftreten muss.

Abhängig von der Viskosität wird das Maximum der Schmierstoffreibung bei unterschiedlichen Drehzahlen erreicht. Im Gegensatz zum FAG-Modell (siehe Abbildung 5.3b) ist dieses maximale Reibmoment aber für alle in der Praxis relevanten Viskositäten nahezu gleich hoch. Ein proportionales Ansteigen des Reibmoments mit der Drehzahl im oberen Drehzahlbereich wie beim FAG-Modell ist nicht zu beobachten.

5.3 Modellierung des Reibmomentes an Linienkontakten

Die Modelle in den Abschnitten 5.1 und 5.2 betrachten jeweils ein Wälzlager als Gesamtes phänomenologisch. Im Gegensatz dazu kann auch ein Ansatz formuliert werden, der die Reibung jeweils an den einzelnen Kontaktstellen modelliert. Dadurch können tangentiale Kräfte am Wälzkörper untersucht werden, wie dies beispielsweise für Betrachtungen zu Ermüdung oder Verschleiß interessant ist.

Im Folgenden wird dazu ein Modell für die Reibung in Wälzlagern mit Linienkontakten modelliert. *Bartels* fasst in [Bar97] verschiedene Theorien zur Bestimmung der Kontaktkräfte in elastohydrodynamischen Kontakten zusammen. Mit seinem Modell werden Reibungsbeiwerte für Roll- und Gleitreibung von Zylinderrollen in der Kontaktzone bei unterschiedlichen Belastungen berechnet.[1] Die einzelnen Lastbereiche werden anschließend in Form

---

[1] *Steinert* ermittelt in [Ste95] die Reibung in Kugellagern mit einem ähnlichen Ansatz wie *Bartels* für Zylinderrollenlager. Dabei berücksichtigt er Reibung durch irreversible Verformungsarbeit an den Ku-

von Polynomfunktionen mit rationalen Exponenten zu einem sprungfreien Gesamtmodell überlagert.

Somit ist das Modell für einen großen Belastungsbereich des Lagers einsetzbar. Ein Vorteil gegenüber den Reibmodellen in den Abschnitten 5.1 und 5.2 besteht darin, dass dieses Modell auch bei stark wechselnder Belastung des Wälzlagers Gültigkeit besitzt, während die Modelle von FAG und SKF nur bei quasistationärer Belastung des Lagers gelten.

5.3.1 Kinematische Größen des elastohydrodynamischen Kontakts

Zur Ermittlung der Kräfte werden zunächst die den Kontakt beschreibenden Kenngrößen gemäß Abbildung 5.7 definiert:
Die nominelle Spalthöhe h_{nom} entspricht dem Abstand, den die unverformten Körper im Kontakt hätten. Diese Größe ist somit ein Maß für die Verschiebung der Starrkörpermittelpunkte der beiden Kontaktkörper. Die Geschwindigkeiten u_i in tangentialer und v_i in normaler Richtung beschreiben die Bewegung der Kontaktflächen der Körper i. Mit Hilfe dieser Geschwindigkeiten lässt sich die Richtung von Roll- und Gleitreibungskräften berechnen.

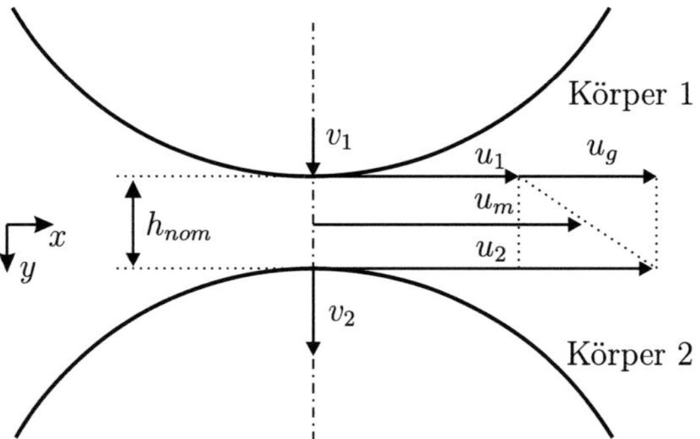

Abbildung 5.7: Geschwindigkeiten der Kontaktflächen im Gleitwälzkontakt

Aus den Geschwindigkeiten der Körperoberflächen können weitere Größen berechnet werden. Die Tangentialströmungsgeschwindigkeit

$$u_m = \frac{u_1 + u_2}{2} \tag{5.23}$$

ist die mittlere Geschwindigkeit, die im Kontakt vorliegt. Die Gleitgeschwindigkeit

$$u_g = u_2 - u_1 \tag{5.24}$$

bezeichnet die Relativgeschwindigkeit der beiden Kontaktkörper. Ihr ist die Gleitreibungskraft entgegengerichtet.

---

geln sowie Bohrreibung und Rollreibung zwischen Lagerringen und Kugeln. Bei Simulationen zeigte sich, dass die Simulationsdauer bei der Formulierung von Einzelkontakten weit höher ist als mit den phänomenologischen Modellen (siehe Abschnitt 7.2). Daher wurde dieses Modell nicht im Rahmen von BEARING3D VX implementiert, da es den Anforderungen an die Rechenzeit nicht genügt.

Wenn sich die beiden Oberflächen senkrecht aufeinander zu bewegen, wird der im Spalt vorhandene Schmierstoff verdrängt. Per Definition liegen in solchen Fällen negative Verdrängungsströmungsgeschwindigkeiten

$$v_m = v_2 - v_1 \tag{5.25}$$

vor.

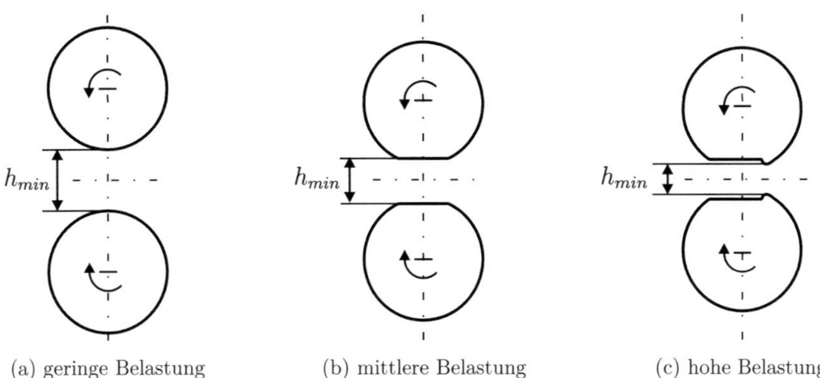

(a) geringe Belastung   (b) mittlere Belastung   (c) hohe Belastung

Abbildung 5.8: Minimale Schmierspalthöhe im Gleitwälzkontakt nach [Dow68]

Die minimale Schmierspalthöhe, die für die Reibungswerte eine große Bedeutung hat, wird durch den minimalen Abstand zwischen den beiden Walzen definiert (siehe Abbildung 5.8). Bei hohen Belastungen führt dies dazu, dass die minimale Spalthöhe von der mittleren Schmierspalthöhe deutlich abweicht, während bei kleinen und mittleren Normallasten mittlere und minimale Schmierspalthöhe fast übereinstimmen.

5.3.2 Schmierstoffeigenschaften

Neben den kinematischen Größen aus Abschnitt 5.3.1 sind zur Beschreibung des geschmierten Kontakts die physikalischen Eigenschaften des Schmierstoffs im Schmierspalt erforderlich. Diese Eigenschaften sind nicht konstant, sondern druck- und temperaturabhängig.

Schmierstoff	ν_0 bei 40 °C in $[\mathrm{mm^2\,s^{-1}}]$	ν bei 100 °C in $[\mathrm{mm^2\,s^{-1}}]$
Grundöl paraffinbasisch (FVA2)	29,5	5,6
Grundöl paraffinbasisch (FVA3)	96	10,6
Grundöl paraffinbasisch (FVA4)	470	31
Grundöl naphthenbasisch	97,9	8,61
Grundöl naphthenbasisch	97,9	8,61
M100 + 4 % Olefin-Copolymer	587,7	76,17

Tabelle 5.8: Kinematische Viskosität ν unterschiedlicher Öle aus [HM95, S.31]

Ein wesentliches Charakteristikum von Schmierstoffen ist nach [Blu87, S.5-9] ihre dynamische Viskosität η. Diese bezeichnet den Widerstand gegen sich zueinander verschiebende

Flüssigkeitsschichten. Die Viskosität bei Atmosphärendruck wird als η_0 bezeichnet und ist ein charakteristischer Kennwert des Schmierstoffes, der im Datenblatt des Schmierstoffs für verschiedene Temperaturen zu finden ist.

Die kinematische Viskosität

$$\nu = \frac{\eta}{\rho} \tag{5.26}$$

berechnet sich aus dem Verhältnis von dynamischer Viskosität zur Dichte des Schmierstoffes. Bei Atmosphärendruck wird die Dichte mit ρ_0 angegeben.

Der Druckviskositätskoeffizient α gibt an, wie stark sich die Viskosität in Abhängigkeit von der mechanischen Belastung des Schmierstoffs verändert.

Die genannten Parameter können einem Datenblatt des verwendeten Schmierstoffs entnommen werden, das von Schmierstoffherstellern bereitgestellt wird. Allerdings sind dort meist nur wenige Daten in Abhängigkeit von Temperatur und Druck angegeben. Da Simulationen häufig zu einem frühen Entwurfsstadium der Maschine stattfinden, ist darüber hinaus zum Zeitpunkt der Simulation meist nur wenig über den zu verwendenden Schmierstoff beziehungsweise dessen tribologische Eigenschaften bekannt.

Aus diesem Grund existieren Näherungen für die wichtigsten Schmierstoffparameter. Die Gesellschaft für Tribologie (GfT) gibt beispielsweise im Arbeitsblatt Wälzlagerschmierungen [Ges84] für die Dichte mineralischer Schmierstoffe die Näherungsformel

$$\rho_0 \approx \left[798,4 + 14,7 \ln \left(\frac{\nu}{\mathrm{mm^2\,s^{-1}}} \right) \right] \mathrm{kg\,m^{-3}} \tag{5.27}$$

bei gegebener kinematischer Viskosität an. In diesem Arbeitsblatt findet sich auch eine Näherung des Druckviskositätskoeffizienten

$$\alpha \approx 7,7 \cdot 10^{-9} \left(\frac{\nu}{\mathrm{mm^2\,s^{-1}}} \right)^{0,204} \mathrm{m^2\,N^{-1}} \tag{5.28}$$

in Abhängigkeit von der kinematischen Viskosität ν.

Mit diesen Formeln genügt die Kenntnis der kinematischen Viskosität beim Eintritt in den Schmierspalt, um das Schmierstoffverhalten im gesamten Kontaktbereich abbilden zu können. Tabelle 5.8 führt die Viskosität unterschiedlicher Schmierstoffe zur Orientierung über den üblichen Parameterbereich an.

5.3.3 Minimale Schmierspalthöhe für Linienkontakte

Die Schmierspalthöhe zwischen den Kontaktflächen beeinflusst die Reibung sehr stark. Daher wird diese zunächst berechnet, um in den folgenden Abschnitten Reibungsbeiwerte ermitteln zu können.

Die Dicke des Schmierfilms lässt sich durch numerisches Lösen der Differentialgleichungen des elastohydrodynamischen Kontaktes bestimmen. Durch Variation der Eingangsparameter in die numerische Berechnung kann ein großer Belastungsbereich abgedeckt werden. Um für den gesamten Bereich eine Näherungslösung zu gewinnen, werden gebrochen rationale Koeffizienten von Potenzfunktionen so angepasst, dass sie minimale Abweichung zu den Ergebnissen aller Simulationen zeigen.

Um diese Gleichungen bei verschiedenen Werkstoffen, Schmierstoffen und Geometrien zu verwenden, führen *Dowson* und *Higginson* in [DH77] dimensionslose Parameter ein. Die Schmierspalthöhe geht durch den Spalthöhenparameter

$$H = \frac{h}{R_I} \tag{5.29}$$

ein, der durch den Ersatzkrümmungsradius

$$R_I = \frac{R_1\,R_2}{R_1 + R_2} \tag{5.30}$$

der beiden Kontaktflächen normiert wird. Der Belastungsparameter

$$W = \frac{Q}{E_{red}\,R_I\,l_s} \tag{5.31}$$

berücksichtigt den Einfluss der Normallast in Abhängigkeit von der Kontaktgeometrie (Radius R_I und Walzenlänge l_s). Es ist zu beachten, dass der reduzierte Elastizitätsmodul in der Theorie elastohydrodynamisch geschmierter Kontakte in der Literatur auf verschiedene Weisen formuliert wird (siehe [Wis00, vgl. S.34]). In dieser Arbeit wird die Definition aus Gleichung (4.7) verwendet.
Der Einfluss von Walzenmaterial und Schmierstoffeigenschaften wird durch den Werkstoffparameter

$$G = \alpha\,E_{red} \tag{5.32}$$

angegeben. Die Kontaktgeschwindigkeit wird durch den sogenannten Schleppströmungsparameter

$$U = \frac{\eta_0\,u_m}{E_{red}\,R_I} \tag{5.33}$$

berücksichtigt.

Durch diese dimensionslosen Parameter ist es nun möglich, Näherungslösungen für die minimale Schmierspalthöhe (bzw. den Schmierspalthöhenparameter) zu bestimmen. Diese gelten jeweils nur in bestimmten Belastungsbereichen. Aufbauend auf den grundlegenden Ergebnissen von *Dowson* und *Higginson* gliedert *Johnson* in [Joh70] mittels zweier Kriterien diese Näherungsgleichungen. *Johnson* unterscheidet zwischen Bereichen, in denen die Viskosität des Schmierstoffs von der Normalbelastung unabhängig ist, sogenannte isoviskose (I, isoviscous) Bereiche, und Bereiche, in denen der Druck die Viskosität beeinflusst. Diese Bereiche bezeichnet er als piezoviskos (V, viscous).
Außerdem unterscheidet er Bereiche, in denen die Kontaktkörper als starr (R, rigid) oder elastisch deformierbar (E, elastic) betrachtet werden können.

Mit Hilfe dieser zwei Merkmale lässt sich die Berechnung folglich für vier Belastungsbereiche unterscheiden:

- Im isoviskos-starren (IR) Bereich ist die Belastung der Walzen gering. Daher werden mittels der Annahme konstanter Viskosität im Schmierspalt und unter Vernachlässigung von elastischen Verformungen der Oberflächen Kräfte und Schmierspalthöhen berechnet.

- Der isoviskos-elastische (IE) Bereich ist der Bereich mittlerer Lasten. Aufgrund von elastischen Strukturen beziehungsweise gering deformierten Körpern kann die Viskosität des Schmierstoffs noch als druckunabhängig angesehen werden, obwohl sich der Festkörper bereits verformt.

- Hoch belastete Gleitwälzkontakte werden im piezoviskos-starren (VR) Bereich beschrieben. Die Viskosität ist stark druckabhängig, die Verformung des Starrkörpers hingegen wieder vernachlässigbar, da sich hier der Schmierfilm deutlich stärker verformt als die Starrkörper.

- Für sehr hoch belastete Gleitwälzkontakte müssen aufgrund der progressiven Steifigkeitskennlinie des Festkörperkontaktes (siehe Abschnitt 4.2) sowohl die Druckabhängigkeit als auch die Elastizität des Wälzkörpers berücksichtigt werden. Daher werden diese im piezoviskos-elastischen (VE) Bereich berechnet.

Für die Berechnung der minimalen Schmierspalthöhe wird darüber hinaus gemäß der Bewegungsrichtung unterschieden.

Minimale Schmierspalthöhe bei reiner Schleppströmung

Besitzt das System eine reine Schleppströmung ($u_m \neq 0$, $v_m = 0$), so wird es als stationär bezeichnet. Zur Berechnung der Schmierspalthöhe werden in diesem Fall die Schmierstoffeigenschaften, die mittlere Tangentialgeschwindigkeit u_m sowie die Normalbelastung Q des Kontakts berücksichtigt.
Die minimale Schmierspalthöhe

$$H_{min,\,IR} = 4,9\,\frac{U}{W} \tag{5.34}$$

für leicht belastete Gleitwälzkontakte (IR-Bereich) wird mit der hydrodynamischen Theorie nach *Gümbel* [Güm16] und *Martin* [Mar16] ermittelt.
Für den IE-Bereich ermittelte *Herrebrugh* in [Her68]

$$H_{min,\,IE} = 3,107\,W^{-0,2}\,U^{0,6} \tag{5.35}$$

andere Exponenten. Für den VR-Bereich (auch Blok-Bereich genannt) gilt

$$H_{min,\,VR} = 1,667\,G^{0,667}\,U^{0,667}\,. \tag{5.36}$$

Hamrock gibt in [HD77]

$$H_{min,\,VE} = 5,816\,W^{-0,073}\,U^{0,68}\,G^{0,49} \tag{5.37}$$

für die minimale Schmierspalthöhe im VE-Bereich an.

Da bei Betrachtung der Kontaktsituation eines Körpers häufig mehrere Belastungsbereiche berührt werden, entwickelte *Moes* in [Lub87] mittels Exponentialfunktionen eine Gleichung, die näherungsweise den gesamten Belastungsbereich berücksichtigt. Ausgenommen von dieser Zusammenfassung ist lediglich der VR-Bereich.
Mit Hilfe der Exponenten

$$s_u = 4 - \exp\left[-0,6125\,G\,U^{0,293}\right] - \exp\left[-2,8284\,W^{-1}\,U^{0,5}\right] \tag{5.38}$$

und

$$r_u = \exp\left[1 - \frac{4}{5 + 1,225\,G\,U^{0,293}}\right] \tag{5.39}$$

überlagert er die drei Belastungsbereiche so, dass an den Bereichsgrenzen ein sprungfreier Übergang vollzogen wird. Mit den Exponenten ergibt sich für alle Belastungsbereiche die Schmierspalthöhe

$$H_{min} = \left[\left[(H_{min,VE})^{r_u} + (H_{min,IE})^{r_u}\right]^{\frac{s_u}{r_u}} + H_{min,IR}{}^{s_u}\right]^{\frac{1}{s_u}} \tag{5.40}$$

vereinheitlicht nach *Moes*, die in Abbildung 5.9 exemplarisch für einen ruhenden Kontaktkörper $(u_2 = 0)$ dargestellt wird.

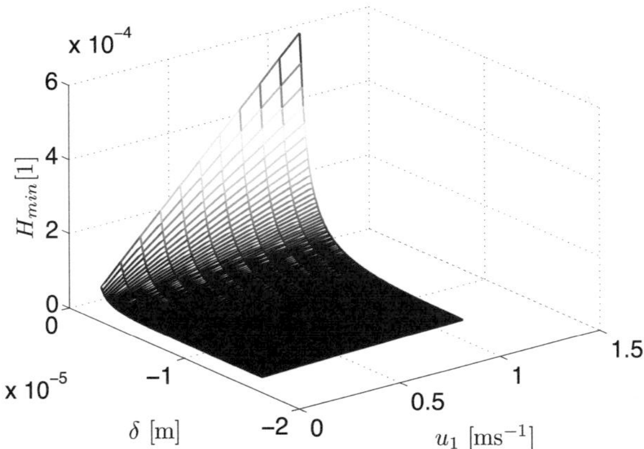

Abbildung 5.9: Schmierspalthöhenparameter beim Linienkontakt; $u_2 = 0$, Geometrie gemäß Tabelle 5.9

Minimale Schmierspalthöhe mit negativer Verdrängungsströmung

In den Gleichungen für stationäre Schmierspalthöhen des vorangegangenen Abschnitts wird der Verdrängungseffekt des Schmierstoffs im Schmierspalt nicht berücksichtigt. Dieser tritt

Lagereigenschaften	
Radius Kugel	$R_{1,1} = R_{1,2} = 10$ mm
Radius Platte	$R_{2,1} = R_{2,2} = \infty$ mm
Ersatzkrümmungsradius	$0,1$ m
Elastizitätsmodul Kugel	$E_1 = 210$ MPa
Elastizitätsmodul Platte	$E_2 = 210$ MPa
Querkontraktionszahl Kugel	$\nu_1 = 0,3$
Querkontraktionszahl Platte	$\nu_2 = 0,3$

(a) Geometrie und Werkstoffdaten des Lagers

Schmierstoffdaten	
Kinematische Viskosität	200 mm^2 s^{-1}
Schmierstoffdichte	nach Gleichung (5.27)
Dynamische Viskosität	nach Gleichung (5.26)
Druckviskositätskoeffizient	nach Gleichung (5.28)

(b) Schmierstoffdaten

Tabelle 5.9: Eingangsgrößen zur Berechnung der Diagramme 5.9 bis 5.13 für Schmierfilm- und Reibungsparameter

ein, wenn sich die beiden Kontaktflächen in Normalenrichtung aufeinander zu bewegen: Das Volumen zwischen den beiden Kontaktkörpern verringert sich, sodass der Schmierstoff keinen Platz mehr findet und aus der Kontaktzone verdrängt wird.

Um diesen Effekt zu berücksichtigen, führt *Holland* in [Hol78] für sogenannte instationäre Kontakte mit $u_m \neq 0$ und $v_m \neq 0$ den Verdrängungsströmungsparameter

$$V = \frac{\eta_0\, v_m}{E_{red}\, R_I} \tag{5.41}$$

ein.

Des Weiteren teilt *Holland* die Gesamttragkraft W in zwei Tragkraftanteile auf: Einen aus der Schleppströmung resultierenden Tragkraftanteil W_u und einen aus der Verdrängungsströmung des Schmierstoffes resultierenden Tragkraftanteil W_v. Beide Tragkraftanteile können in Bezug auf die minimale Schmierspalthöhe berechnet werden und lassen sich linear überlagern. *Holland* betrachtet nur kleiner werdende Spaltweiten, da der Effekt größer werdender Spaltweiten seiner Meinung nach für den Druck- und Spalthöhenverlauf vernachlässigbar klein ist.

Für reine Verdrängungsströmungsgeschwindigkeiten im IR-Bereich übernimmt *Holland* die Gleichung

$$H_{min,\,IR}^{v-} = 5,7\, W^{-\frac{2}{3}}\, (-V)^{\frac{2}{3}} \quad \text{mit } V \leq 0 \tag{5.42}$$

von *Herrebrugh*.

Aufgrund des Zusammenhangs der Gleichungen für die minimale Schmierspalthöhe im

IE-Bereich bei stationären und instationären Kontakten entwickelte *Holland* für den VE-Bereich die Gleichung

$$H_{min,VE}^{v-} = 1,568\, W^{-0,047}\, G^{0,353}\, (-V)^{0,437} \quad \text{mit } V \leq 0 \tag{5.43}$$

durch Gegenüberstellung und Faktorenvergleich. *Bartels* ermittelt mittels einer Parametervariation

$$H_{min,IE}^{v-} = 1,285\, W^{-\frac{2}{15}}\, (-V)^{0,4} \quad \text{mit } V \leq 0 \tag{5.44}$$

eine zusätzliche Gleichung für den IE-Bereich.

Damit lässt sich in ähnlicher Weise wie beim stationären Betrieb nach *Moes* in Gleichung (5.40) eine Gleichung für alle Belastungsbereiche aufstellen. Die minimale Spaltweite

$$H_{min}^{v-} = \left[\left[\left(H_{min,VE}^{v-} \right)^{r_v} + \left(H_{min,IE}^{v-} \right)^{r_v} \right]^{\frac{s_v}{r_v}} + H_{min,IE}^{v-}{}^{s_v} \right]^{\frac{1}{s_v}} \tag{5.45}$$

berechnet sich dann mit den Exponenten

$$r_v = \exp\left[1 - \frac{4}{5 + G\,(-V)^{0,0445}} \right] \tag{5.46}$$

und

$$s_v = 4 - \exp\left[-0,5\, G\,(-V)^{0,0445} \right] - \exp\left[-2\frac{-V^{0,4}}{W} \right] \tag{5.47}$$

bei reiner Verdrängungsströmungsgeschwindigkeit.

Treten Verdrängungs- und Schleppströmungsgeschwindigkeiten gleichzeitig auf, können bei bekanntem Belastungsparameter W die Tragkraftanteile W_u und W_v sowie die minimale Schmierspalthöhe H_{min} durch Lösen des nichtlinearen Gleichungssystems

$$W_U + W_V - W = 0 \tag{5.48}$$

$$\left[\left[\left(H_{min,VE}^{v-} \right)^{r_v} + \left(H_{min,IE}^{v-} \right)^{r_v} \right]^{\frac{s_v}{r_v}} + H_{min,IE}^{v-}{}^{s_v} \right]^{\frac{1}{s_v}}$$
$$- \left[\left[\left(H_{min,VE} \right)^{r_u} + \left(H_{min,IE} \right)^{r_u} \right]^{\frac{s_u}{r_u}} + H_{min,IR}{}^{s_u} \right]^{\frac{1}{s_u}} = 0 \tag{5.49}$$

numerisch bestimmt werden.

Der Vorteil dieses Modells ist, dass das Verhältnis von Schlepp- zu Verdrängungsströmungsgeschwindigkeiten zur Bestimmung der Näherungslösung beliebige Werte annehmen kann. Man kann somit sowohl für eindimensionale als auch für kombinierte Strömungen eine minimale Schmierspalthöhe berechnen.

Der Unterschied zwischen stationärem und instationärem Fall ist in Abbildung 5.10 zu sehen. Mit Berücksichtigung der Verdrängungsströmung steigt der Widerstand gegen das Zusammendrücken des Schmierfilms an, sodass sich größere Spalthöhen ergeben.

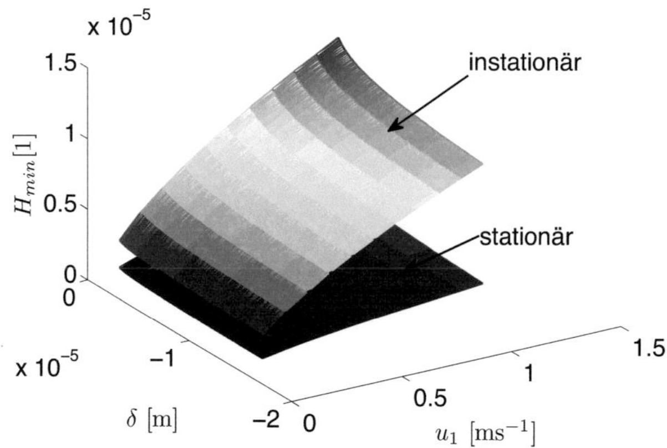

Abbildung 5.10: Schmierspalthöhenparameter bei (in)stationärer Belastung; $v_1 \neq 0$, $u_2 = v_2 = 0$, Geometrie gemäß Tabelle 5.9

Minimale Schmierspalthöhe mit positiver Verdrängungsströmung

Um die Dämpfung durch den Schmierstoff genauer abbilden zu können, erweitert *Bartels* die Gleichungen für Schleppströmungen, indem er auch positive Verdrängungsströmungsgeschwindigkeiten berücksichtigt. Er führt dazu die Erweiterung

$$H_{min}^{v+} = \left[\left[(A_H)^{r_u} + (H_{min,IE})^{r_u} \right]^{\frac{s_u}{r_u}} + H_{min,IR}^{\ s_u} \right]^{\frac{1}{s_u}} \tag{5.50}$$

ein. Um Probleme an den singulären Stellen der Näherungslösung bei Division durch kleine Zahlen zu vermeiden, beschränkt er den Parameter

$$A_H = \max\left(0, H_{min,VE} - A_{H,E}\right) \tag{5.51}$$

mittels Maximumoperationen auf Werte größer eines sehr kleinen Zahlenwerts (in seinem Fall 10^{-11}), da H_{min} nicht negativ werden darf. Zur Berechnung verwendet er

$$A_{H,E} = 1,3175\, W^{0,559} \left[\max\left(2,5 \cdot 10^{-11}, U\right) \right]^{-1,326} V^{1,259} \quad \text{mit } V \geq 0 \tag{5.52}$$

um zu berücksichtigen, dass positive Verdrängungsströmungsgeschwindigkeiten erst in hochbelasteten Kontakten einen Einfluss haben. Bei leichter und mittlerer Belastung ist dieser Einfluss vernachlässigbar gering.

5.3.4 Gleitreibung im Einzelkontakt

Mittels der berechneten Schmierspalthöhe aus Abschnitt 5.3.3 können im Folgenden Näherungen für die Reibungskräfte an den einzelnen Wälzkörpern bestimmt werden. Zunächst wird Gleitreibung untersucht.

Gleitreibung tritt im Kontakt zwischen zwei Körpern auf, wenn sich diese mit unterschiedlichen Geschwindigkeiten parallel zu einer Berührfläche bewegen. Die eingeprägte Kraft, welche der Relativgeschwindigkeit entgegenwirkt, wird dann als Gleitreibungskraft F_g bezeichnet. Diese Kraft ist eine Ersatzkraft für die wirkenden Oberflächenspannungen in der Kontaktfläche. Daher wird der Kraftangriffspunkt der Gleitreibungskraft an walzenförmigen Kontakten in die Mitte der Berührlinie des Linienkontakts gelegt. Die Kraft ist der Relativgeschwindigkeit der beiden Körper in der Tangentialebene der Kontaktfläche entgegen gerichtet.

Der Gleitreibwert

$$\mu_g = \frac{F_g}{Q} \tag{5.53}$$

wird nach [KP80, S.16-18] in der Form des *Coulomb*schen Reibgesetzes aus Gleichung (5.1) als Verhältnis von Gleitreibungskraft zu Kontaktnormalkraft Q angegeben.

Archard und *Baglin* führen in [AB75, S.398-410] Untersuchungen an einem Zweischeibenprüfstand durch. Sie bestimmen aus den Messungen einen Näherungswert des Gleitreibwertes. Zur einfacheren Berechnung führen die Autoren einen modifizierten Gleitreibungskoeffizienten

$$\mu_g^* = A_{1g} = \frac{K_g}{\eta_0}\, W^{-0,5}\, U^{0,5} \tag{5.54}$$

für Belastungen mit geringen elastischen Verformungen der Kontaktkörper ein, neben dem gemäß Gleichung (5.67) zusätzlich der Einfluss von Schleppströmungsparameter U und Belastungsparameter W zur Berechnung der Reibkraft berücksichtigt wird. Für den Schmierstoff setzen sie *Newton*sches Verhalten voraus. Zur Berechnung wird der Gleitreibungsanteil

$$K_g = \frac{F_g}{u_g} \tag{5.55}$$

verwendet, der das Verhältnis von Gleitreibungskraft F_g zu Gleitgeschwindigkeit u_g angibt. Mit zunehmender Belastung erhöht sich der Einfluss der Verformung auf die Berechnung des Gleitreibungskoeffizienten. Wird angenommen, dass der Druckverlauf im elastohydrodynamischen Kontakt dem Druckverlauf beim *Hertz*schen Kontakt entspricht, so ergibt sich die Näherung

$$\mu_g^* = A_{2g} = 1,2766\, U^{0,5}\, H_{min}^{-1}\, I \tag{5.56}$$

für den Reibbeiwert im elastohydrodynamischen – also hochbelasteten – Bereich. Der Hilfswert

$$I = \int\limits_0^1 \alpha\, p_H\, \sqrt{1 - X^2}\, \mathrm{d}X \tag{5.57}$$

stellt dabei das Integral über den Druck in der Kontaktfläche dar und ist somit ein Normalkraftäquivalent. Zur Bestimmung von I integriert man zweimal über die *Hertz*sche Kontaktbreite $2\,b$ (bzw. in normierter Form zweimal von 0 bis 1). Da keine geschlossene

Lösung des Integrals existiert, ist eine Lösung analytisch nicht möglich. Sie kann jedoch über die Näherung

$$I = \exp\left(0,7966\,(\alpha\,p_0)^{1,0547}\right) \tag{5.58}$$

nach *Bartels* [Bar97, vgl. S. 72f] ermittelt werden. Diese Näherung weicht gemäß seinen Angaben maximal 1% von der numerischen Lösung des Integrals ab.

In Gleichung (5.56) wird nicht berücksichtigt, dass der Gleitreibwert in der Kontaktzone nicht größer sein kann als der Reibwert bei Festkörperreibung. Höhere (thermische) Belastungen führen aber zu einer Erwärmung des Schmierstoffs im Spalt. Dadurch sinkt die Viskosität und damit auch der Reibwert. Deshalb begrenzen *Archard* und *Baglin* den Viskositätsanstieg

$$\alpha\,p_H < 12 \tag{5.59}$$

auf kleine Werte.
Potthoff führt darüber hinaus in [Pot86] eine Korrekturfunktion ein, durch die ein Ansteigen des Gleitreibungskoeffizienten

$$A_{3g} = \exp\left[5,0801 \cdot 10^{-4}\,W^{0,075}\,U^{-0,038}\,G^{1,114}\right] \tag{5.60}$$

auf unendlich große Werte verhindert wird.

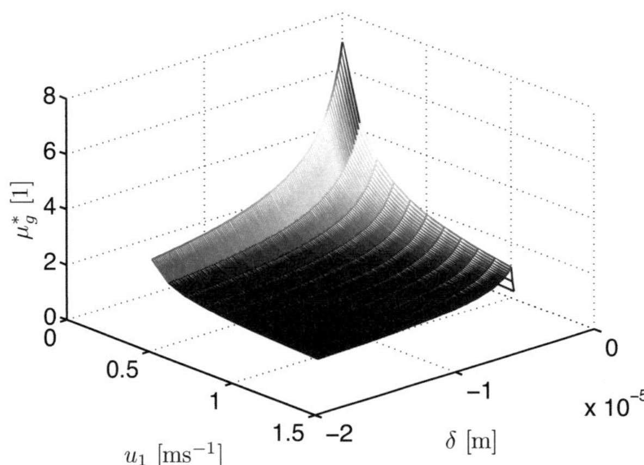

Abbildung 5.11: Gleitreibwert μ_g^* in Abhängigkeit von der Durchdringung δ und der Kontaktgeschwindigkeit u_1, $u_2 = 0$, Geometrie gemäß Tabelle 5.9

Treten normal zur Kontaktfläche Geschwindigkeiten auf, so spricht man gemäß Abschnitt 5.3.3 von instationären Bedingungen. Um diese zu berücksichtigen, gibt *Bartels* die Erweiterungen

$$A_{3g,E} = \exp\left(A_{3g} + A_{4g} + A_{5g}\right) \tag{5.61}$$

$$A_{4g} = -0,3707\,W^{0,148}\,G^{-0,0167}\left[\max\left(1,5\cdot10^{-11},U\right)\right]^{-0,687}\left[\frac{V+|V|}{2}\right]^{0,473} \tag{5.62}$$

$$A_{5g} = 13,1614\,W^{0,787}\,G^{-1,267}\left[\max\left(1,5\cdot10^{-11},U\right)\right]^{-3,179}\left[\frac{V+|V|}{2}\right]^{1,996} \tag{5.63}$$

zu den bisher aufgestellten Gleichungen an. Damit kann der Reibwert im gesamten Belastungsbereich mit Hilfe der Übergangskoeffizienten

$$s_g = 4 - \exp\left(-0,5\,G\,U^{0,293}\right) - \exp\left(-2\,W^{-1}\,U^{0,5}\right) \tag{5.64}$$

und

$$r_g = -\exp\left(1 - \frac{4}{5 + G\,U^{0,293}}\right) \tag{5.65}$$

zu

$$\mu_g^* = \left\{\left[(A_{1g})^{s_g} + (A_{2g})^{s_g}\right]^{\frac{r_g}{s_g}} + [G_{3E}]^{r_g}\right\}^{\frac{1}{r_g}} \tag{5.66}$$

berechnet werden. Die Abhängigkeit des modifizierten Gleitreibungskoeffizienten μ_g^* von Belastung und Geschwindigkeit ist in Abbildung 5.11 dargestellt.
Die Gleitreibungskraft

$$F_g = \mu_g^*\sqrt{\frac{U}{W}}\,Q \tag{5.67}$$

im Kontakt errechnet sich dann abhängig von modifizierten Gleitreibbeiwert μ_g^* sowie der Normalbelastung Q des Kontaktes und der Gleitgeschwindigkeit u.

5.3.5 Rollreibung im Einzelkontakt

Neben der Gleitreibung sind im Wälzlager Reibkräfte von Bedeutung, die durch das Abrollen der Wälzkörper auf den Laufringen hervorgerufen werden. Mit dem Begriff des Abrollens wird hier eine bestimmte Überlagerung von Rotation und Translation des Wälzkörpers beschrieben. Bei dieser besitzt zu jedem Zeitpunkt jeweils mindestens ein Punkt des Wälzkörpers – der Momentanpol – keine Relativgeschwindigkeit gegenüber der Laufbahn (siehe [Joh03, S.202]). Der dabei wirkende Widerstand, welcher die Bewegung hemmt, wird im Folgenden als Rollreibung oder Rollwiderstand bezeichnet. Dieser Widerstand setzt sich aus zwei Anteilen zusammen:

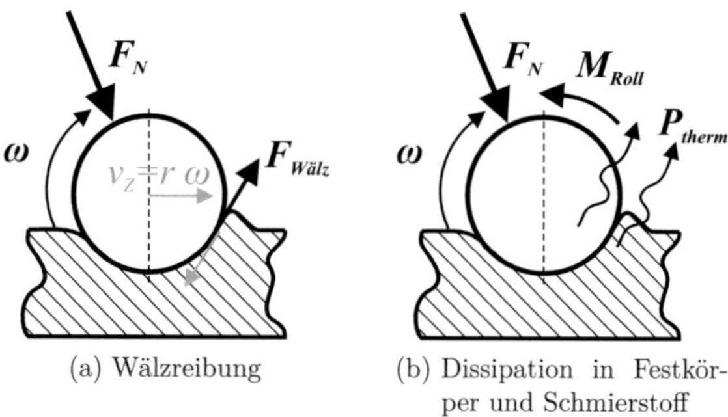

(a) Wälzreibung

(b) Dissipation in Festkörper und Schmierstoff

Abbildung 5.12: Anteile des Rollwiderstandes

Ein Anteil rührt aus Relativgeschwindigkeiten in der Kontaktfläche an einzelnen Stellen
her. Diese unterschiedlichen Relativgeschwindigkeiten rufen somit lokal Gleitreibung hervor. Dieser Anteil kann selbst bei idealen Abrollverhältnissen nicht vermieden werden, da
die Wälzkörper nicht ideal zylindrisch geformt sind. Bei konstanter Winkelgeschwindigkeit
führt die Variation der Durchmesser zu unterschiedlich hohen Umfangsgeschwindigkeiten
am Wälzkörper und somit zu unterschiedlichen Kontaktgeschwindigkeiten, sobald der
Wälzkörper durch die Normalkraft an die Laufbahn angepresst wird. Unterschiedliche
Kontaktgeschwindigkeiten werden darüber hinaus durch Schiefstellungen des Wälzlagers
hervorgerufen.
Neben dem Abrollen verursacht der Aufwurf eines kleinen Materialbergs vor dem rollenden
Wälzkörper Reibung, wie in Abbildung 5.12a dargestellt ist. Das Kontaktgebiet bildet
sich dadurch am Wälzkörper nicht symmetrisch zur Fortbewegungsrichtung aus. Eine
Integration der Tangentialspannung über der Kontaktfläche ergibt hier eine resultierende
Widerstandskraft, die der Rollbewegung entgegenwirkt.

Ein weiterer Anteil neben der Reibung aufgrund von Relativgeschwindigkeiten ergibt sich
nach [KP80, S.24] aus dem hysteretischen Verhalten von Wälzkörper und Laufbahn (siehe
Abbildung 5.12b). Bei der Verformung wird Bewegungsenergie in Wärme umgewandelt.
Diese fehlt zum Weiterrollen und bewirkt somit eine bremsende Wirkung. Darüber hinaus
verursacht die Viskosität des Schmierstoffs Dissipation.

All dies führt zu einem Abbremsen der Rollbewegung und wird daher von *Bartels* zu einem
Rollwiderstand zusammengefasst. Den Rollreibwert

$$\mu_r = \frac{F_r}{Q} \tag{5.68}$$

gibt er als Verhältnis zwischen Rollreibkraft F_r zu Normalkraft Q an. Analog zu Abschnitt 5.3.4 führt *Bartels* einen modifizierten Rollreibungskoeffizienten

$$\mu_r^* = [(A_{1r})^{s_r} + (A_{2r})^{s_r}]^{\frac{1}{s_r}} + A_{3r} + A_{4r} \tag{5.69}$$

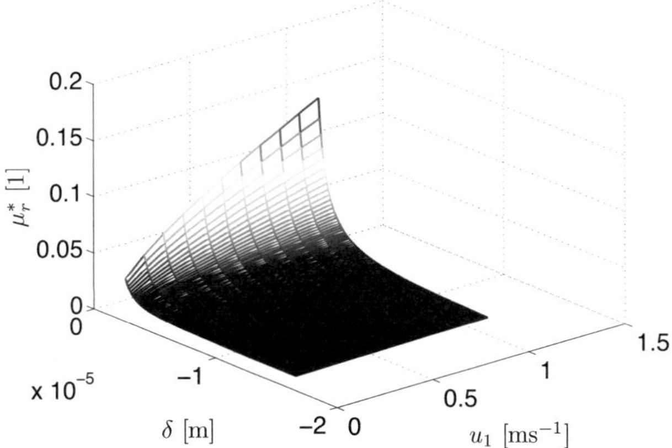

Abbildung 5.13: Rollreibwert μ_r^* in Abhängigkeit der Kontaktgeschwindigkeit u_1 und der Durchdringung δ, $u_2 = 0$, Geometrie gemäß Tabelle 5.9

ein, der ähnlich dem modifizierten Gleitreibungskoeffizienten μ_g^* definiert wird. Dieser setzt sich mit Hilfe des Exponenten

$$s_r = -4 + \exp\left[-0,6125\,G\,U^{0,293}\right] + \exp\left[-2,828\,W^{-1}\,U^{0,5}\right] \tag{5.70}$$

aus den einzelnen Anteilen

$$A_{1r} = 2,08 \tag{5.71}$$

$$A_{2r} = 7,0181\,W^{-0,452}\,G^{-0,268}\,U^{0,192} \tag{5.72}$$

$$A_{3r} = -0,40082\,W^{0,9994}\,G^{0,205}\left[\max\left(1,0\cdot10^{-12},U\right)\right]^{-1,163}\left[\frac{-V+|V|}{2}\right]^{0,638} \tag{5.73}$$

$$A_{4r} = 0,695\,W^{0,829}\,G^{0,164}\left[\max\left(2,5\cdot10^{-11},U\right)\right]^{-1,608}\left[\frac{V+|V|}{2}\right]^{1,053} \tag{5.74}$$

in den unterschiedlichen Belastungsbereichen zusammen.

Der Verlauf des Rollreibungskoeffizienten in Abhängigkeit von der Kontaktgeschwindigkeit und der Belastung ist in Abbildung 5.13 zu sehen. Die Rollreibungskraft

$$F_R = \mu_r^*\sqrt{\frac{U}{W}}\,Q \tag{5.75}$$

errechnet sich abhängig von Belastungsparameter U und Schleppströmungsparameter W sowie der Normabelastung Q des Kontakts analog zu Gleichung (5.67). Somit lässt sich die Rollreibung in allen relevanten Belastungsbereichen berechnen.

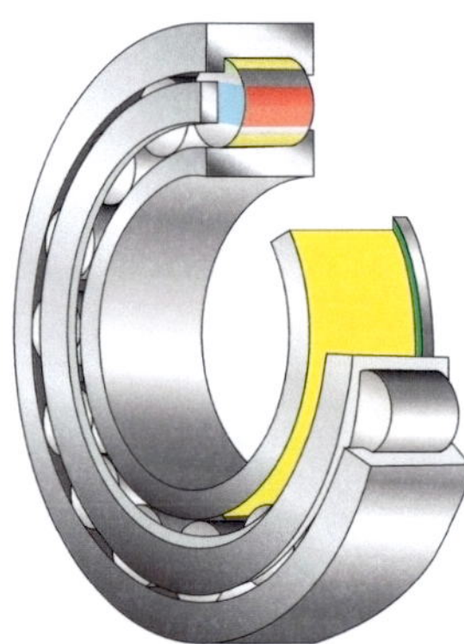

Abbildung 5.14: Kontaktstellen mit Reibung in Zylinderrollenlagern

5.3.6 Berechnung der Verlustmomente am Wälzkörper

Die bisher hergeleiteten Beziehungen zur Berechnung von Kräften und Momenten am Wälzkörper können dazu genutzt werden, um in den Kontaktstellen Reibungskräfte zu berechnen und daraus das Lagerreibmoment zu ermitteln.

In Abbildung 5.14 sind die Kontaktstellen zu sehen, an denen in Zylinderrollenlagern Reibung auftritt. Der Kontaktbereich, der am höchsten in Normalenrichtung belastet ist, ist der zwischen Laufbahn und Wälzkörper. Dieser ist in Abbildung 5.14 gelb markiert. Hier treten in der Realität sowohl Roll- als auch Gleitreibung auf. Außerdem entsteht beim Verkippen der Lagerringe in diesem Bereich eine Gleitbewegung in axialer Richtung, die durch Gleitreibung behindert wird.
Darüber hinaus gibt es noch niederbelastete Reibkontakte zwischen Wälzkörpern und Käfigsteg (in Abbildung 5.14 rot), zwischen Wälzkörper und Käfigkante (in Abbildung 5.14 hellgrün) sowie zwischen Wälzkörpern und Borden (in Abbildung 5.14 dunkelgrün). Zusätzlich zu den Kontakten zwischen zwei Körpern entstehen im Lager noch Planschverluste beim Eintauchen der Wälzkörper in das Schmierölbad.

Da die größten Verluste an den Laufbahnen durch Normallasten an der Lauffläche durch Abrollen und axiales Abgleiten sowie am Käfigsteg durch Gleiten entstehen, werden diese Kräfte in NEEDLE3D VX zur Berechnung der Reibung berücksichtigt. Berechnet werden darüber hinaus die Planschverluste durch das Eintauchen in das Schmiermittel.
Ein Durchrutschen des gesamten Wälzkörpersatzes in diesem Kontaktbereich führt zu Gleitreibung in der Kontaktfläche. Diese wird im Modell nicht abgebildet, da die Bewegung des Wälzkörpersatzes gemäß Gleichung (3.11) kinematisch vorgegeben ist und im Modell somit kein Durchrutschen auftreten kann.
Die modellierten Zylinderrollenlager besitzen keine Axialtragfähigkeit. Da die Lager bordlos sind, entfällt die Bohrreibung an den Borden.
Die Reibungsverluste an der Käfigkante können vernachlässigt werden, da in dieser Kontaktrichtung nur sehr geringe Normalkräfte übertragen werden und somit die auftretenden

Reibkräfte sehr klein sind.

Im Einzelnen ergeben sich dadurch Reibanteile wie folgt:

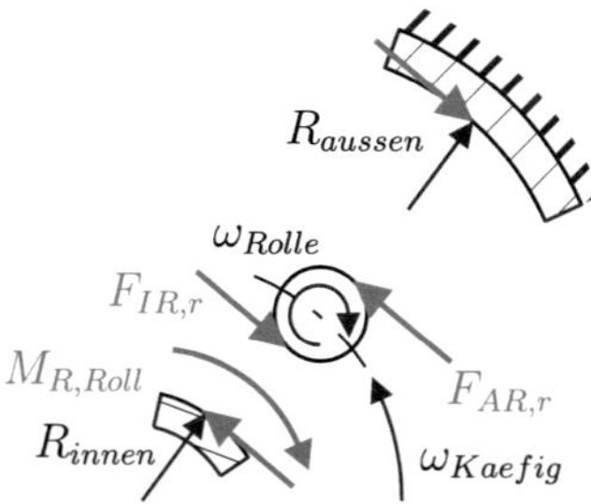

Abbildung 5.15: Rollreibungswirkung am Wälzkörper

Die der Rollbewegung entgegengerichtete Reibung bewirkt an der Rolle ein Bremsmoment

$$M_{R,Roll} = F_{AR,r}\, R_{aussen} + F_{IR,r}\, R_{innen} \tag{5.76}$$

gemäß Abbildung 5.15. Zur Berechnung der Reibkräfte werden die Relativgeschwindigkeiten

$$u_{AR} = R_{aussen}\, \omega_{Kaefig} \tag{5.77a}$$
$$u_{IR} = R_{innen}\, \omega_{Kaefig} \tag{5.77b}$$

an Außen- und Innenring mit Hilfe der Käfigdrehgeschwindigkeit

$$\omega_{Kaefig} = \dot{\phi}_i \tag{5.78}$$

sowie der zeitveränderlichen Radien

$$R_{innen} = \left(\frac{D_{pw}}{2} + \frac{D_w}{2} - \frac{\delta}{2} + \frac{G_r}{4} \right) \tag{5.79a}$$
$$R_{aussen} = \left(\frac{D_{pw}}{2} - \frac{D_w}{2} - \frac{\delta}{2} + \frac{G_r}{4} \right) \tag{5.79b}$$

der Kontaktstellen an Innen- und Außenring genutzt.

Neben der Rollreibung wird die Drehbewegung durch die Gleitbewegung gemäß Abbildung 5.16a an den Käfigstegen gebremst. Mit Hilfe der Bewegungsgleichung für den Käfigverbund wird die von den Wälzkörpern am Käfig aufzubringende Zwangskraft in radialer Richtung

$$F_K = \frac{J_K\, \dot{\omega}_K + d\, \omega_K}{D_{pw}} \tag{5.80}$$

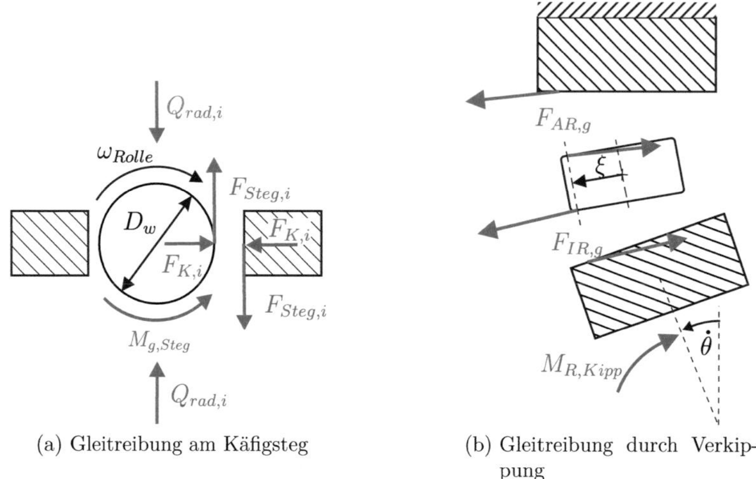

(a) Gleitreibung am Käfigsteg

(b) Gleitreibung durch Verkippung

Abbildung 5.16: Weitere berücksichtigte Reibungswirkungen am Wälzkörper

für den gesamten Käfigverbund unter Verwendung eines Ersatzträgheitsmomentes J_K für Käfig und Wälzkörper ermittelt. Die zur Berechnung der Reibungskraft benötigte Kontaktnormalkraft

$$F_{K,i} = F_K \frac{Q_{rad,i}}{\sum\limits_{i=1}^{z} Q_{rad,i}} \qquad (5.81)$$

an jedem einzelnen Steg wird berechnet, indem die Zwangskraft am Käfig proportional zur jeweiligen Radiallast $Q_{rad,i}$ auf alle Wälzkörper aufgeteilt wird. Gemäß Gleichung (5.67) ergibt sich die Tangentialkraft

$$F_{Steg,i} = \mu_g^* \sqrt{\frac{U_{Steg}}{W_{Steg}}} \, F_{K,i} \qquad (5.82)$$

am Steg mit dem zugehörigen Schleppströmungsparameter U_{Steg} sowie dem Lastparameter W_{Steg}. Das bremsende Moment an einem Wälzkörper wird somit jeweils durch

$$M_{R,Steg,i} = \frac{D_w{}^2}{2 D_{pw}} \, F_{Steg,i} \qquad (5.83)$$

bestimmt.

Um die dämpfende Wirkung der Reibung gegen Biegeschwingungen abzubilden, wird Gleitreibung durch Verkippung gemäß Abbildung 5.16b implementiert. Die Kontaktgeschwindigkeiten

$$u_{AR} = \sqrt{R_{aussen}^2 + \xi_\lambda^2} \; \dot{\theta} + \frac{\dot{s}_{ax,i}}{2} \qquad (5.84a)$$

$$u_{IR} = \sqrt{R_{innen}^2 + \xi_\lambda^2} \; \dot{\theta} + \frac{\dot{s}_{ax,i}}{2} \qquad (5.84b)$$

werden verwendet, um gemäß Gleichung (5.67) die Gleitreibungskraft im Kontakt zu berechnen.

Anhand des Reibungsmodells aus den Abschnitten 5.3.3 bis 5.3.5 können nun die Reibungskoeffizienten für alle berücksichtigten Kontaktstellen berechnet werden. Die Reibungskräfte werden für jeden Wälzkörper einzeln bestimmt und durch Summation über alle Wälzkörper – unter Berücksichtigung der kinematischen Übersetzung – zu einem wirksamen Gesamttreibmoment zwischen den beiden Lagerringen zusammengefasst.

5.4 Implementierung als FORTRAN-Routine

Für die Implementierung in BEARING3D VX und NEEDLE3D VX werden alle beschriebenen Reibgesetze der Abschnitte 5.1 bis 5.3 berücksichtigt.
In NEEDLE3D VX wurde dem Benutzer die Möglichkeit gegeben, zwischen dem Einzelkontaktmodell und dem Modell nach SKF zu wählen (siehe [Fri08b]). In BEARING3D VX steht lediglich das Modell nach SKF zur Verfügung (siehe [Fri08a]).

Insgesamt stehen somit die folgenden Berechnungsvarianten als Auswahl innerhalb der Routinen zur Verfügung:

1. Keine Reibung; ausschließlich Dämpfung in radialer Richtung gemäß [Oes04].

2. Ölbad horizontal gemäß Abschnitt 5.2.

3. Ölbad vertikal niedrig gemäß Abschnitt 5.2. Die Wälzkörper verlassen während einer Käfigumdrehung das Ölbad und treten wieder ein, da das Lager nicht vollständig mit Öl befüllt ist.

4. Ölbad vertikal gemäß Abschnitt 5.2. Das Lager ist vollständig mit Öl befüllt.

5. Öleinspritzschmierung gemäß Abschnitt 5.2.

6. Ölluft- oder Fettschmierung gemäß Abschnitt 5.2.

7. Fettschmierung in der Einlaufphase oder mit Fett überfüllter Wälzkörperraum gemäß Abschnitt 5.2.

8. Reibungsberechnung mittels Einzelkontakten gemäß Abschnitt 5.3 mit Reibungswiderstand gegen Verkippung (ausschließlich für NEEDLE3D VX).

9. Reibungsberechnung mittels Einzelkontakten gemäß Abschnitt 5.3 ohne Reibungswiderstand gegen Verkippung (ausschließlich für NEEDLE3D VX).

6 Vergleich mit Prüfstandsmessungen

Nachdem die physikalischen Eigenschaften von Rillenkugel- und Zylinderrollenlagern in BEARING3D VX und NEEDLE3D VX abgebildet sind, wird zur Validierung des Lagermodells in unterschiedlichen Betriebssituationen der in den Abbildungen 6.1 bis 6.4 dargestellte Prüfstand aufgebaut. Im Folgenden wird zunächst dessen Aufbau beschrieben und die Durchführung der Messungen geschildert. Anschließend wird ein Simulationsmodell des Prüfstandes in MSC.ADAMS erstellt und das Vorgehen zum Vergleich von Simulations- mit Messergebnissen präsentiert.

6.1 Aufbau des Prüfstands

Der verwendete Prüfstand ist eine Weiterentwicklung der von Seiler und Berg in [BS89, Sei90] beschriebenen Messeinrichtung. Es können Messungen bei unterschiedlichen Lasten, Drehzahlen, Temperaturen und Verkippungen für unterschiedliche Lagerbaugrößen und Schmierstoffe durchgeführt werden.

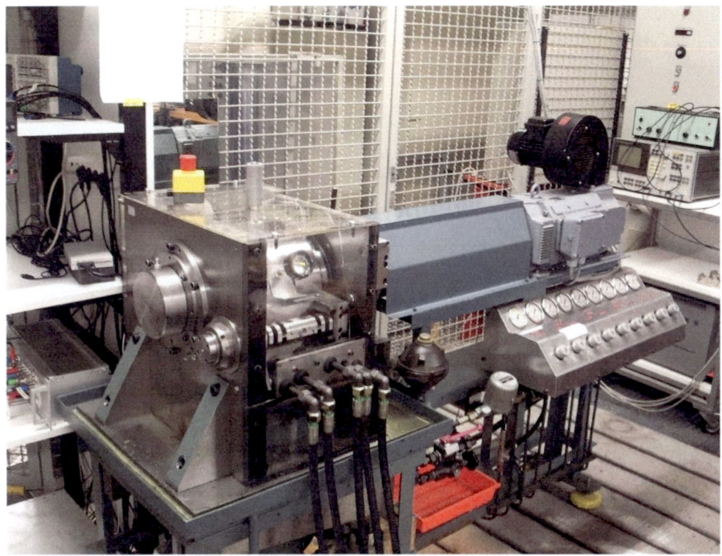

Abbildung 6.1: Wälzlagerprüfstand im Labor des Instituts für Technische Mechanik

Das Prüflager ist in den Abbildungen 6.3 und 6.4 als graues Kugellager dargestellt. Bei den Vergleichsmessungen werden allerdings auch Zylinderrollenlager untersucht.

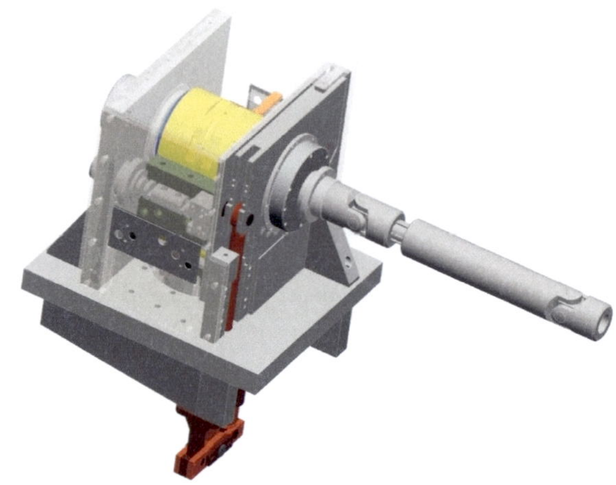

Abbildung 6.2: Wälzlagerprüfstand im CAD-Modell

Das Prüflager wird auf einer Vollwelle fixiert, die in den Abbildungen rot dargestellt ist. Die Welle wird über eine Kardanwelle mit integriertem Längenausgleich durch einen Elektromotor angetrieben. Die Drehzahl des Innenrings gegenüber dem ruhenden Außenring kann so von $n = 0$ bis zu maximal $n_{max} = 3200$ min^{-1} Umdrehungen eingestellt werden.

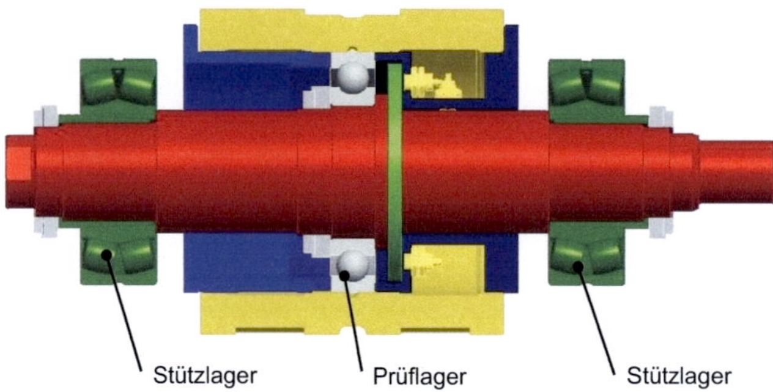

Abbildung 6.3: Schnitt durch die Prüfeinheit

Die Lagerung der Welle erfolgt über zwei Pendelrollenlager, die im Folgenden als Stützlager bezeichnet werden. Die Stützlager sind in den Abbildungen 6.3 und 6.4 grün dargestellt. Pendelrollenlager zeichnen sich durch eine hohe radiale Tragfähigkeit aus, sodass sie im Vergleich zum Prüflager in radialer Richtung als starr betrachtet werden können. Sie sind zudem unempfindlich gegenüber dynamischen Winkelfehlern, da Pendelrollenlager in einem beschränkten Winkelbereich nahezu widerstandslos verkippen können.

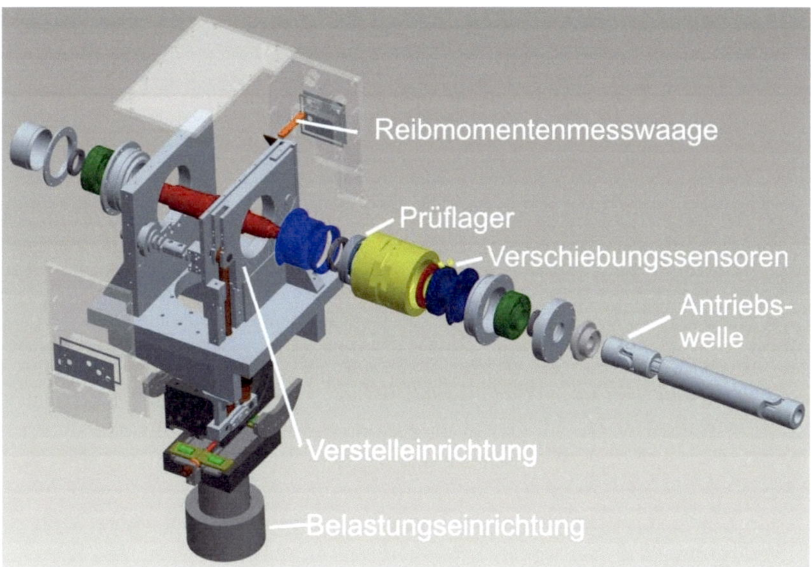

Abbildung 6.4: Explosionsdarstellung des Wälzlagerprüfstands

Der Prüflagerinnenring ist in der Mitte zwischen den Stützlagern angebracht, um eine Verkippung des Lagers aus der parallelen Stellung der Ringe durch rein radiale Belastung weitestgehend zu vermeiden. Aufgrund des nahezu symmetrischen Aufbaus der Welle kann eine zum Sitz des Prüflagers symmetrische Biegung der Welle angenommen werden, sodass der Lagerinnenring durch diesen Aufbau ausschließlich parallel verschoben, jedoch nicht verkippt wird.[1]
Das Prüflager wird am Innenring mit einer Wellenmutter in axialer Richtung auf der Welle fixiert. Die radiale Fixierung erfolgt durch eine Übergangspassung, da das Lager bei jedem Versuch gewechselt werden muss.

Der Prüflageraußenring stützt sich radial am Prüflagerträger ab. Der Prüflagerträger ist in den Abbildungen 6.2 bis 6.4 gelb dargestellt. Die axiale Fixierung des Prüflagers wird am Außenring durch zwei Hülsen sichergestellt. Diese sind in den Abbildungen hell- bzw. dunkelblau eingefärbt. Die motorseitige Hülse (dunkelblau) trägt Abstandssensoren (gelb) zur Bestimmung von radialer und axialer Verschiebung sowie der Verkippung des Lagers.

Die Schmierung des Prüflagers erfolgt durch Ölumlauf oder mit Fett. Der Öldurchfluss wird durch ein Aggregat zur Verfügung gestellt und ist mess- und steuerbar.
Wird das Lager mit Fett geschmiert, wird das Schmierfett bei der Montage des Lagers auf der Welle eingebracht und während der Messungen nicht erneuert. Um realistische Schmierbedingungen zu erhalten, wird das Lager vor der eigentlichen Messung zunächst

---

[1] Durch Berechnungen der Biegeform der Welle mit Hilfe eines FEM-Modells in ABAQUS konnte diese Annahme bestätigt werden.

30 min leicht belastet im Prüfstand eingefahren. Bei diesem Leerlauf verteilt sich das Fett gleichmäßig im Lager; überschüssiges Fett wird aus dem Lager verdrängt. Der Reibbeiwert des Lagers verringert sich durch den Einlaufvorgang vom überfüllten Lager zur stationären Fettverteilung auf ungefähr ein Drittel des Anfangswerts.

In radialer Richtung am Prüflagerträger befestigt ist ein Hydraulikzylinder, der in Abbildung 6.4 grau dargestellt ist. Dieser bringt eine definierte radiale Belastung auf das Lager auf. Der Zylinder ist an eine Handpumpe angeschlossen und wird mit maximal 50 bar Druck beaufschlagt. Durch diese Anordnung kann das Lager radial mit einer Kraft F_{rad} von bis zu 125 kN belastet werden.

Zur Einstellung eines definierten Verkippwinkels zwischen Prüflagerinnen- und -außenring wird die Wellenachse mit einer Verkippeinrichtung relativ zum Prüflagerträger verstellt. Dazu wird das motorseitige Stützlager in vertikaler Richtung nach oben oder unten bewegt. Da das zweite Stützlager nicht bewegt wird, ergibt sich dadurch eine Verkippung der Welle.
Die vertikale Bewegung des Stützlagers erfolgt nur um wenige Teile eines Millimeters, da lediglich Verkippungen θ von wenigen Winkelminuten eingestellt werden. Daher wird die Verschiebung des Stützlagers durch Drehen einer Stellschraube mit großem Übersetzungsverhältnis durchgeführt, die eine präzise Einstellung ermöglicht und zugleich selbsthaltend ist.

Um die Umgebung vor austretendem Schmieröl zu schützen und um Unfälle zu verhindern, ist die Prüfeinheit von einem Gehäuse umschlossen. Dieses besteht größtenteils aus Plexiglas und erlaubt so eine Beobachtung der Messapparatur im Betrieb.

Lager	d_i [mm]	D_a [mm]	d_m [mm]	B [mm]	C [kN]	n_B [min^{-1}]
FAG NU219-E-TVP2	95	170	132,5	32	260	3700
FAG NU219-M1	95	170	132,5	32	260	3700
FAG 6219	95	170	132,5	32	108	4950
FAG NU217-E-TVP2	85	150	117,5	28	194	4100
FAG 6217	85	150	117,5	28	83	5300

Tabelle 6.1: Geprüfte Lagerbauarten

Mit dem Prüfstand können sowohl Rillenkugel- als auch Zylinderrollenlager in zwei Baugrößen untersucht werden. In Tabelle 6.1 sind die geprüften Wälzlager und ihre Hauptabmessungen aufgelistet.

Die beschriebene Anordnung ist für Lager der Baureihe 19 vorgesehen. Zur Messung von Lagern der Baureihe 17 werden aufgrund der kleineren Abmaße des Prüflagers zwei Modifikationen an der Konstruktion vorgenommen: Um den Innenring aufzunehmen, wird eine zweite Welle mit geringerem Außendurchmesser verwendet.

Darüber hinaus wird der Außenring des Lagers in einer zusätzlichen Hülse mit einer Presspassung befestigt. Dadurch können die kleineren Lager als Baugruppe mit dem gleichen Außendurchmesser wie die große Baureihe eingebaut werden. Alle weiteren Bauteile des Prüfstands können somit ohne Änderung verwendet werden.

6.1.1 Erfassung der Messgrößen

Zur Bestimmung der Vergleichsgrößen und zur Gewährleistung reproduzierbarer Simulationsbedingungen werden während der Versuche verschiedene Größen erfasst. Im Folgenden wird die technische Realisierung dieser Sensorik erläutert.

Lagerbelastung durch Radiallast

Auf das Prüflager wird über einen Hydraulikzylinder eine definierte Radiallast aufgebracht. Der Hydraulikzylinder kann über eine Handpumpe mit einem Druck von maximal $p_{max} = 50$ bar beaufschlagt werden.
Um die radiale Belastung des Lagers zu messen, wird der in der Hydraulikleitung herrschende Druck mit einem Drucksensor aufgezeichnet. Unter Zuhilfenahme der Querschnittsfläche $A = 25.450$ mm^2 des Hydraulikkolbens kann der gemessene Druck in eine Radiallast

$$F_{rad} = p\,A \tag{6.1}$$

umgerechnet werden.

Reibmoment

Neben der Radialkraft ist das Reibmoment die zweite wichtige Messgröße zur Validierung des Simulationsmodells.

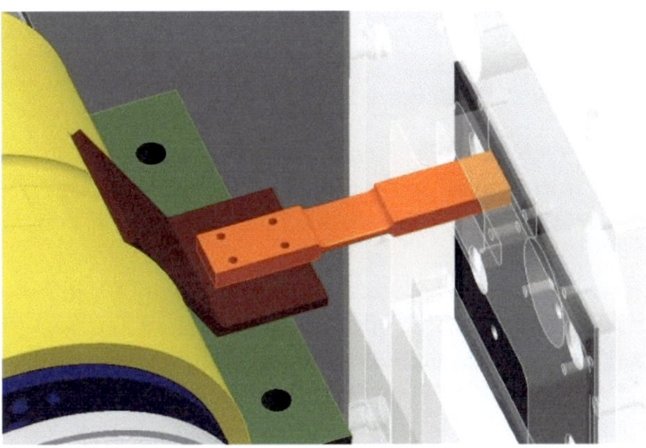

Abbildung 6.5: Biegebalken (ohne DMS) im CAD

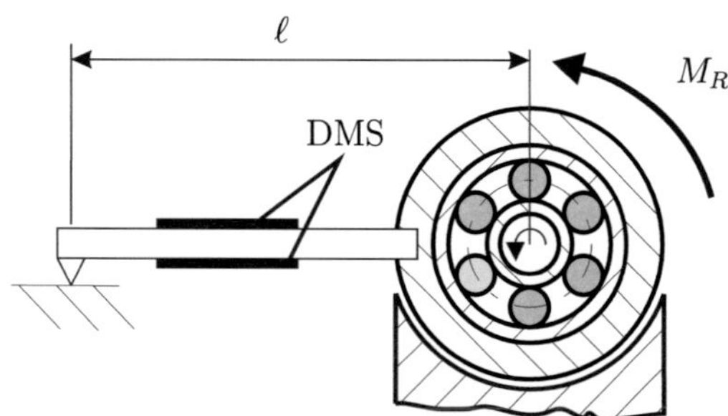

Abbildung 6.6: Messprinzip des Biegebalkens

Zur Messung des Reibmoments ist gemäß Abbildung 6.5 ein Ende eines Biegebalkens (orange dargestellt) über einen Winkel (braun dargestellt) mit dem Prüflagerträger (gelb dargestellt) verschraubt, das andere Ende stützt sich am Gehäuse (grau dargestellt) ab.
Um das Reibmoment zu erhalten, wird die Kraft auf das Ende des Hebelarms gemessen. Zur Bestimmung dieser Kraft kann die Messung der Verformung des Biegebalkens genutzt werden. Die Verformung wird über einen Dehnungsmessstreifen (DMS) gemessen, der auf den Biegebalken aufgeklebt wurde. Der DMS ändert schon bei geringen Verformungen seinen elektrischen Widerstand.
Aus der Verformung wird die Belastung des Balkens berechnet. Multipliziert man die vom DMS gemessene Kraft mit dem Abstand der Auflagerstelle zur Wellenachse (Hebelarm ℓ in Abbildung 6.6), so erhält man das Reibmoment, das am Außenring abgestützt wird.

Durch Belastung des Biegebalkens mit einer bekannten Kraft werden die Messspannungen der DMS-Brückenschaltung im Vorfeld der Experimente geeicht. Dazu wird der Balken horizontal ausgerichtet und mit definierten Gewichtskräften belastet. Der Umrechnungs-faktor von der gemessenen elektrischen Spannung auf die mechanische Belastung und somit das zu messende Reibmoment ist dadurch bekannt.

Reibungsfreie Lagerung des Prüflagerträgers

Zur Messung des Reibmoments im Wälzlager muss sich der Prüflagerträger weitestgehend reibungsfrei um seine Rotationsachse drehen können. Nur so stützt der Biegebalken das volle Lagerreibmoment ab, sodass gemessenes und wirkendes Reibmoment übereinstim-men.
Konstruktiv wird diese reibungsfreie Lagerung durch acht mit Öl geflutete Taschen bewirkt. Diese sind in den in Abbildung 6.7 dunkelgrün dargestellten Lagerbock eingearbeitet. Zwei axiale und sechs radiale Lagertaschen bauen zwischen Lagerbock und Prüflagerträger (gelb dargestellt) einen statischen Öldruck auf. Der Druck hebt den Prüflagerträger an und löst somit den Festkörperkontakt durch Ausbildung eines dünnen Schmierfilms. Aufgrund des Schmierfilms und der lediglich kleinen Drehbewegungen kann der Prüflagerträger nahezu ohne Reibung zum Lagerbock verdreht werden.

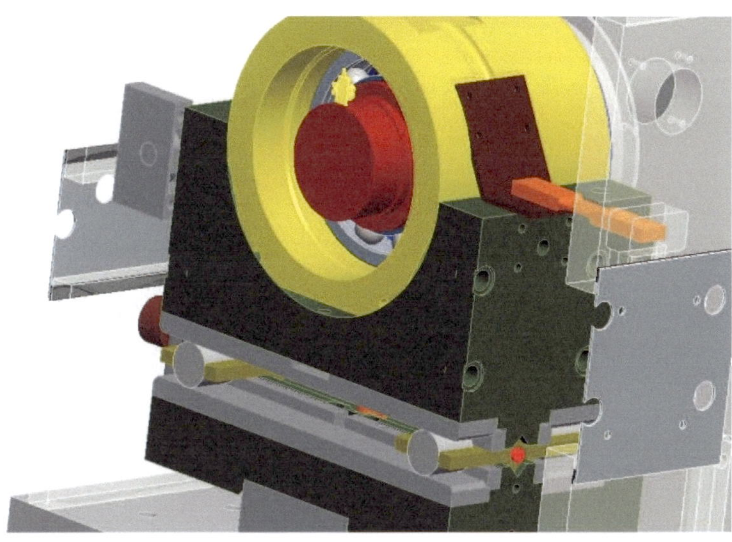

Abbildung 6.7: Schnitt durch den Lagerbock mit beweglichen Auflagern

Um das Schwimmen auch bei verkipptem Lager zu gewährleisten, wird jede der acht Drucktaschen über eine separate Drossel angesteuert. Unterschiedliche Belastungen der Taschen werden so durch Anpassung der Öldrücke ausgeglichen.

Im Idealfall beeinflussen sich die Taschen gegenseitig nicht, sodass die stärker belasteten Taschen einen höheren Druck tragen als die schwach belasteten. Diese Unabhängigkeit der Taschen ist aufgrund des Dichtprinzips mit einem dünnen Spalt aber nur bei geringen Schmierfilmdicken gewährleistet.

Bei hohen Drücken biegt sich der Lagerbock auf. Gemäß Abbildung 6.9 ergeben sich dann große Spalthöhen zwischen Lagerbock und Prüflagerträger. Dadurch vereinigen sich die Ölkissen der Taschen zu einem großen Kissen, in dem überall nahezu der gleiche Druck herrscht. An einzelnen Stellen wird aufgrund der hohen Belastung der Schmierspalt zu dünn. Dort versagt die hydrostatische Lagerung. Eine reibungsfreie Drehung des Prüflagerträgers ist dann nicht mehr möglich.

Ein Aufbiegen des Lagerbockes ist daher unbedingt zu vermeiden. Zur Überprüfung des Verformungszustands befinden sich am Lagerbock vier DMS. Diese sind in einer Dehnungsmessbrückenschaltung so geschaltet, dass sich eine Spannung von $U = 0$ V ergibt, falls sich der Lagerbock im unverformten Zustand befindet.

Unterhalb des Lagerbocks befinden sich vier verstellbare Auflagerrollen. In den Abbildungen 6.7 und 6.8 sind diese als hellgraue Zylinder dargestellt. Über eine Stellspindel können diese Auflager gemäß dem Prinzip in Abbildung 6.9 so verschoben werden, dass die Verformung des Lagerbocks verschwindend klein wird. Bei geeigneter Einstellung der Auflager

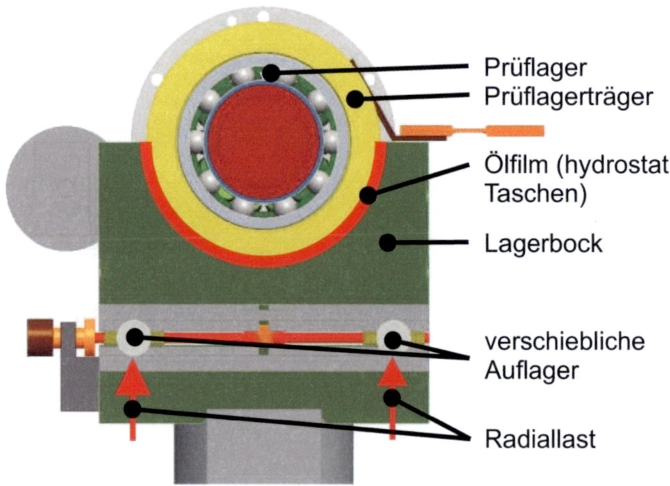

Abbildung 6.8: Aufbau von Belastungseinheit und Kompensationseinrichtung

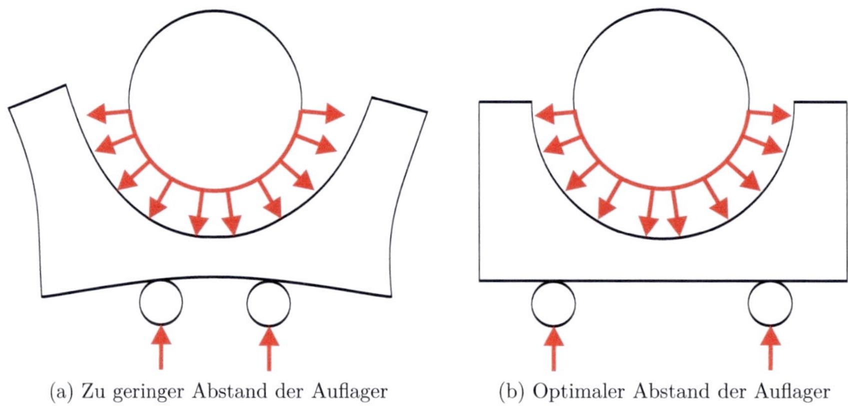

(a) Zu geringer Abstand der Auflager   (b) Optimaler Abstand der Auflager

Abbildung 6.9: Kompensation der Aufbiegung des Lagerbocks durch Verstellen der Aufla-
gepunkte

liegt der Lagerbock somit bezüglich seiner Symmetrieachse ideal am Prüflagerträger an,
wodurch die Dichtheit der einzelnen Lagertaschen gewährleistet ist.

Radiale Verschiebung

Hauptaufgabe der Lagermodelle BEARING3D VX und NEEDLE3D VX ist die Abbildung der Lagersteifigkeit in radiale Richtung. Neben der Belastung wird daher die radiale Verschiebung der Innenringposition relativ zum Außenring erfasst.

Abbildung 6.10: Messung der radialen Verschiebung

Abbildung 6.11: Wirbelstromsensor eddyNCDT 3010-S2

Um diese Verschiebung zu messen, wird ein Wegsensor auf Wirbelstrombasis im Prüflagerträger angebracht und gemäß Abbildung 6.10 (gelb dargestellt) vertikal auf die Welle gerichtet. Der Sensor vom Typ eddyNCDT-3010-S2 der Firma Micro-Epsilon misst berührungslos die Distanz zwischen Sensor und Welle.

Abbildung 6.11 zeigt einen der verwendeten Abstandssensoren. Der Abstand zwischen

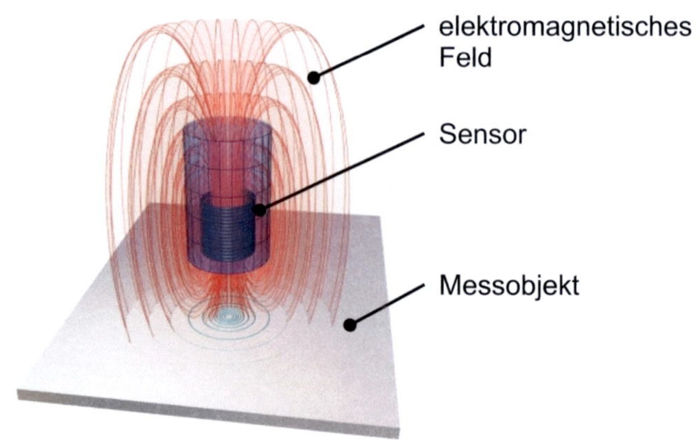

Abbildung 6.12: Wirkprinzip des Wirbelstromsensors (aus [Mes09])

Sensor und Welle beträgt im unbelasteten Ausgangszustand des Prüfstands einen Millimeter. Der Messbereich des Sensors beträgt zwei Millimeter. Somit können mit dem verwendeten Sensor Lageänderungen von einem Millimeter in beide Richtungen mit einer Auflösung von $0,2\ \mu$m erfasst werden.

Die verwendeten Wirbelstromsensoren funktionieren nach dem folgenden Prinzip:
Das Kernstück des Sensors besteht gemäß Abbildung 6.12 aus einer von hochfrequentem Wechselstrom durchflossenen Spule. Diese wirkt wie eine Sendeantenne und induziert durch ihr elektromagnetisches Feld Wirbelströme in der Messscheibe. Die Wirbelströme werden durch den Ohmschen Widerstand des Materials in Wärme umgewandelt. Aufgrund der unterschiedlichen Durchdringung der Messscheibe mit dem elektromagnetischen Feld ergibt sich ein vom Abstand abhängiger Wechselstromwiderstand des Sensors. Durch Messung dieses Widerstands wird der Abstand zum Messobjekt ermittelt.

Die verwendeten Sensoren sind aufgrund ihrer Schutzklasse (IP 65) gegen Öl abgedichtet. Sie müssen daher nicht durch zusätzliche Maßnahmen vor der Prüflagerschmierung geschützt werden. Die Ölfüllung des Luftspaltes beeinflusst das Messergebnis nicht.[1]

Verkippung und axiale Verschiebung

Sowohl bei der Fertigung von Lagersitzen als auch durch Verformungen im Betrieb kann es zu einer Schiefstellung von Wälzlagern kommen. Daher wird die Schiefstellung des Prüflagers während der Messungen erfasst.
Um den Einfluss von Verkippungen auf die Lagerkräfte messen zu können, ist im Prüfstand eines der beiden Stützlager durch einen Schraubenmechanismus in seiner vertikalen Position verschiebbar. Hierdurch entsteht eine definierte Schiefstellung der Welle, nicht

---

[1] Dies ist ein wichtiger Vorteil gegenüber dem kapazitiven Messprinzip, das *Seiler* [Sei90] für seine Messungen verwendet, da sich Ölfreiheit im Messspalt nur mit hohem konstruktiven Aufwand erreichen lässt.

aber des Prüflagerträgers. Somit verändert sich der Winkel zwischen Prüflagerinnen- und -außenring; das Lager befindet sich im verkippten Zustand.

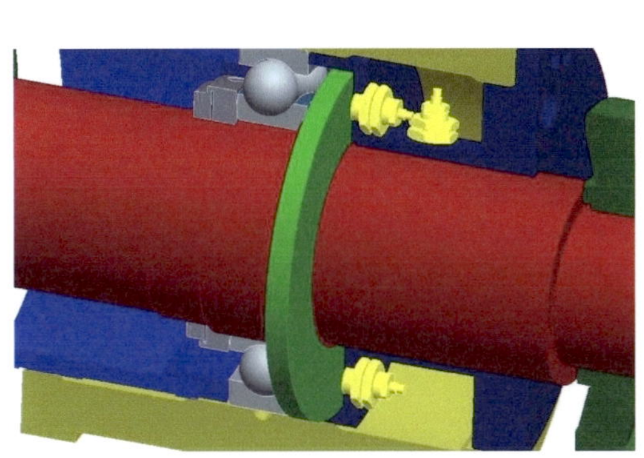

(a) Prüflager, Messscheibe und Wirbelstromsensoren im CAD-Modell

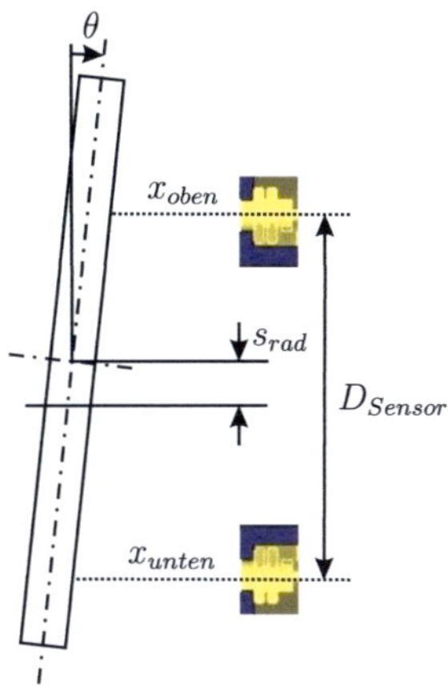

(b) Messgrößen der Sensoren

Abbildung 6.13: Messung von Verkippung und axialer Verschiebung des Lagers

Um diese Schiefstellung im Betrieb des Prüfstands messen zu können, ist auf der Welle eine Stahlscheibe befestigt. Diese ist in Abbildung 6.13a hellgrün dargestellt und mit der Welle durch Formschluss verbunden. Die Scheibe wird im Folgenden als Messscheibe bezeichnet. Ihre Lage verändert sich nahezu planparallel zum Prüflagerinnenring.

In einer Hülse sind zwei Distanzsensoren auf Wirbelstrombasis (gelb dargestellt) ruhend zur Position des Außenrings angebracht. Die Sensoren sind in 180° Abstand in Umfangs-richtung montiert und zeigen in axiale Richtung. Sie messen berührungslos den Abstand zwischen Sensor und Scheibe. Es wird die gleiche Bauart an Abstandssensoren verwendet wie zur Messung der radialen Verschiebung im vorangegangenen Abschnitt.

Aus den Abständen

$$x_{oben} \;=\; x_{oben,0} + \left(\frac{D_{Sensor}}{2} + s_{rad}\right)\tan\theta \tag{6.2}$$

$$x_{unten} \;=\; x_{unten,0} - \left(\frac{D_{Sensor}}{2} + s_{rad}\right)\tan\theta \tag{6.3}$$

gemäß Abbildung 6.13b lässt sich mit den Änderungen

$$\Delta x_{oben} \;=\; x_{oben} - x_{oben,0} \tag{6.4}$$

$$\Delta x_{unten} \;=\; x_{unten} - x_{unten,0} \tag{6.5}$$

relativ zu den Abständen im unverkippten Zustand die Verkippung

$$\theta = \arctan\frac{\Delta x_{oben} + \Delta x_{unten}}{D_{Sensor}} \tag{6.6}$$

sowie die axiale Verschiebung

$$s_{ax} = \frac{1}{2}\left(\Delta x_{oben} + \Delta x_{unten}\right) \tag{6.7}$$

berechnen.

Sowohl die axiale und radiale Position des Prüflagerinnenrings als auch seine Verkippung werden somit aus den Daten aller drei Wegsensoren gleichzeitig berechnet.

Drehzahl

Die Drehzahl des Prüflagers wird an der Motorausgangswelle mit Hilfe eines Impulsgebers und -zählers gemessen.

Ein induktiver Aufnehmer ist auf die Schulter einer mit Motordrehzahl rotierenden und mit 30 Bohrungen versehenen Stahlscheibe gerichtet. Bewegt sich eine Bohrung am Aufnehmer vorbei, verändert sich die Induktivität des gemessenen Bereichs. Dadurch gibt der Sensor einen Zählimpuls. Die Drehzahl

$$n = 20\,N\,\text{min}^{-1} \tag{6.8}$$

wird dann durch Zählen der N Impulse in jedem Zeitintervall von jeweils $0,1\,\text{s}$ ermittelt.

Öleintritts- und Ölaustrittstemperatur

Zur Berechnung des Reibmoments in BEARING3D VX und NEEDLE3D VX wird die Viskosität des Schmierstoffs im Modell verwendet. Da die Viskosität sehr stark von der Temperatur abhängt (siehe Anhang A und B), wird die Öltemperatur zur Berechnung des Lagerreibmoments benötigt.

Mittels Thermoelementen der Klasse J wird daher sowohl die Temperatur des Ölzulaufs als auch des Ölablaufs erfasst.

Öldurchfluss Prüflager

Um eine reproduzierbare Schmierung der Lager bei allen Messungen gewährleisten zu können, ist ein Durchflussmesser in die Zuleitung der Prüflagerschmierung integriert. Die Schmierfilmhöhe im Prüflager kann somit bei allen Versuchen einheitlich eingestellt werden.

Da der Durchfluss durch das Prüflager zeitlich konstant ist, wird er nicht wie die anderen Größen zu jedem Zeitschritt digital erfasst sondern lediglich vom Durchflussmesser abgelesen und in den Messprotokollen vermerkt.

6.1.2 Datenerfassung und -verarbeitung

Bei Durchführung einer Messung am Prüfstand liefern alle in Abschnitt 6.1.1 beschriebenen Sensoren ein zeitkontinuierliches, analoges Spannungssignal zwischen 0 und 10 V als Messgröße. Um diese Messwerte später mit Ergebnissen eines Simulationsmodells des

Prüfstands vergleichen zu können, müssen sie gespeichert und verarbeitet werden.

Die analogen Signale der Sensoren werden daher einer Analog-Digital-Wandlerkarte vom Typ U2331A des Herstellers Agilent zugeführt. Diese Karte wandelt die Daten in Echtzeit in ein digitales Signal um und übergibt sie per USB-Schnittstelle an einen Computer. Zur Aufzeichnung der Daten wird der Agilent Measurement Manager (AMM) der Version 1.7.0.0 genutzt.

Die Wandlerkarte tastet mit einer Summenabtastrate von maximal 1 $\frac{MSa}{s}$ alle Kanäle ab. Bei den Messungen werden die einzelnen Kanäle mit bis zu 5 kHz abgetastet und die Daten als Comma Separated Values, ein Dateiformat für ASCII-Daten (csv), gespeichert.

Um ein schnelles Auswerten und Vergleichen der unterschiedlichen Messungen zu ermöglichen, wurde eine auf Matlab basierende Software erstellt, die eine grafische Benutzeroberfläche zur Verarbeitung der Daten anbietet (siehe Abbildung 6.14).

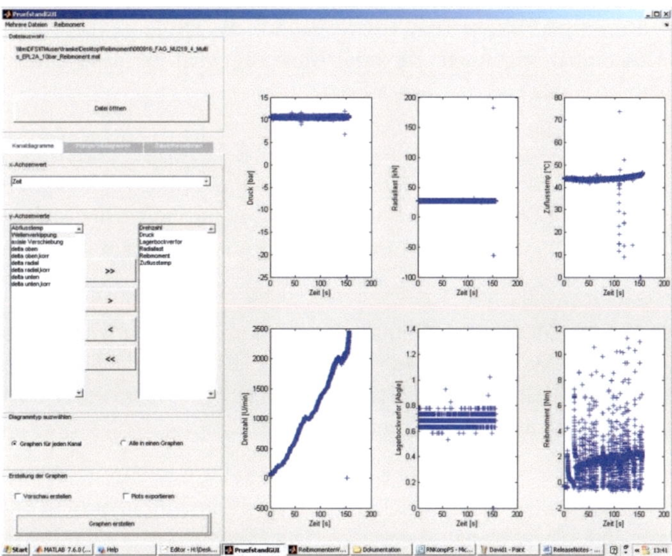

Abbildung 6.14: Auswertung der Messdaten in Matlab in der grafischen Benutzeroberfläche

6.2 Durchführung der Messungen

Zur Überprüfung von BEARING3D VX und NEEDLE3D VX werden Messungen bei unterschiedlichen Lasten, Verkippungen, Drehzahlen, Viskositäten, Lagerbaugrößen sowie Käfigmaterialien für Rillenkugellager (Typ 6219 bzw. 6217) und Zylinderrollenlager (Typ NU219 bzw. NU217) durchgeführt.

Angesichts der unterschiedlichen Randbedingungen und Effekte, die mit dem Prüfstand untersucht werden, ist es notwendig verschiedene standardisierte Messabläufe auszuarbeiten, die in Messprotokollen festgehalten werden. Diese Protokolle dienen dabei der

Qualitätssicherung bei der Messung durch Überprüfung aller Einstellungen vor der Versuchsdurchführung sowie zur Vereinheitlichung der aufgezeichneten Messdaten.

Vor einer Messung wird der Prüfstand vorbereitet: Soll ein Prüflager mit Fettschmierung untersucht werden, ist es vor der Montage ausreichend zu fetten. Falls ein schadhaftes Lager geprüft werden soll, muss das Lager entsprechend mit einem definierten Schaden versehen werden.
Um möglichst exakt zu messen, werden die Sensoren zirka 30 Minuten vor der ersten Messung eingeschaltet, um die empfohlene Betriebstemperatur zu erreichen.
Der Volumenstrom des Öls durch das Prüflager wird im Fall von Ölumlaufschmierung über eine Drossel samt Durchflussmesser auf $0,5\,\mathrm{l\,min^{-1}}$ eingestellt.
Je nach Belastungsfall wird der Hydraulikzylinder mit dem entsprechenden Druck beaufschlagt. Dieser Druck ist für eine einzelne Messung konstant, nur bei Aufnahme einer Steifigkeitskennlinie wird der Druck – und somit die Radiallast im Betrieb – verändert.
Sind die obigen Punkte erfüllt, werden der Motor für die Drehung der Welle bestromt und die einzelnen Messungen begonnen. Zu jeder Messung wird jeweils die aktuelle Hydrauliköltemperatur notiert und elektronisch erfasst.

Zur Validierung der Berechnungsmodelle werden vier Arten von Standardmessungen durchgeführt. Dabei werden jeweils alle in Abschnitt 6.1.1 genannten Messgrößen elektronisch gespeichert. Lediglich die Samplingraten der Messdaten unterscheiden sich in Abhängigkeit davon, welche Kanäle im Anschluss an die Messung ausgewertet werden:

- Hochlauf und Runterlauf:
  Die Drehzahl des Motors wird langsam von $n = 0$ bis $n = n_{max}$ gesteigert (Hochlauf) oder von der Maximaldrehzahl verringert (Runterlauf). Diese Messung wird bei verschiedenen Radiallasten und unterschiedlichen Temperaturen durchgeführt. Die Abtastrate beträgt $5000\,\frac{\mathrm{Sa}}{\mathrm{s}}$ je Kanal.

- Konstantlauf:
  Für zwei Minuten wird die Drehzahl des Motors konstant gehalten. Diese Messungen werden mit $5000\,\frac{\mathrm{Sa}}{\mathrm{s}}$ je Kanal abgetastet. Die Messungen werden bei den Drehzahlen $n = 600\ \mathrm{min^{-1}}$, $n = 1200\ \mathrm{min^{-1}}$ und $n = 2400\ \mathrm{min^{-1}}$ durchgeführt.

- Reibmomentenmessung:
  Die Messung beginnt, sobald für das Reibmoment im Lager stationäres Verhalten erreicht wird. Die Drehzahl des Motors wird schrittweise um $100\ \mathrm{min^{-1}}$ Umdrehungen gesteigert, um die stationären Zustände des Reibmomentes bei diesen Drehzahlen zu erfassen. Zwischen den Drehzahlsteigerungen muss jeweils die freie Drehbarkeit des Lagerbocks überprüft und gegebenenfalls durch Neujustierung der Hydrauliktaschen wiederhergestellt werden. Die Messung erfolgt mit $50\,\frac{\mathrm{Sa}}{\mathrm{s}}$ je Kanal und wird bei unterschiedlichen Radiallasten durchgeführt. Diese vergleichsweise niedrige Samplingrate genügt, da hauptsächlich die stationären Werte des Reibmoments von Interesse sind.

- Steifigkeitskennlinien:
  Steifigkeitskennlinien werden gemessen, indem der Druck im Hydraulikzylinder wäh-

rend der Messung einmal von 0 auf 30 bar gesteigert und in einer zweiten Messung wieder abgelassen wird. Dies entspricht einer Lagerbelastung von $F_{rad} = 0\,\mathrm{kN}$ bis $F_{rad} = 75\,\mathrm{kN}$. Vor der Messung wird über eine Stellschraube die Welle bezüglich des Prüflageraußenrings um bis zu $10'$ verkippt. Die Samplingrate beträgt $200\,\frac{\mathrm{Sa}}{\mathrm{s}}$ je Kanal. Die Messung wird bei unterschiedlichen Verkippungen des Lagers ($\theta = 0'$, $5'$ und $10'$) wiederholt. Die Messung erfolgt entweder bei ruhender Welle oder mit einer Rotation von $n = 600\,\mathrm{min}^{-1}$ Umdrehungen.

6.3 Vergleichsmodell des Prüfstandes in MSC.ADAMS

Um die Simulationsmodelle BEARING3D VX und NEEDLE3D VX mit den Messergebnissen am Prüfstand vergleichen zu können, wird der in Abschnitt 6.1 beschriebene Prüfstand in MSC.ADAMS modelliert. Die Simulationsführung entspricht der in Abschnitt 6.2 beschriebenen Messführung.

Das Prüfstandsmodell berücksichtigt die Elastizitäten des Prüflagers sowie der Welle und bietet die gleichen Möglichkeiten, das Prüflager zu belasten, wie der Prüfstand. Ziel ist es, die realen Messungen möglichst exakt abzubilden, um Werte von Messung und Simulation direkt vergleichen zu können und somit das generische Maschinenmodell der Wälzlagerdynamik zu validieren.

6.3.1 Aufbau

Um das Simulationsmodell für den Prüfstand in MSC.ADAMS aufzubauen, wird zunächst die Welle, auf der sich das Prüflager befindet, als modal reduzierter Körper abgebildet. Hierzu wird ein bestehendes CAD-Modell der Welle (siehe Abbildung 6.15a) in MSC.Patran eingeladen und mit einem Netz aus Hexaeder-Solid-Elementen vernetzt. Anschließend werden in ABAQUS die Eigenformen der Welle berechnet.

Das FEM-Modell der Welle ist in Abbildung 6.15b dargestellt. Es besitzt drei Interface-Knoten für die Lagerstellen des Prüflagers sowie der Stützlager. Die Eigenformen der Welle werden als Modal Neutral File-Format, ein Dateiformat für modal reduzierte Körper (mnf), exportiert. In dieser Form kann die Welle als flexibler Körper in MSC.ADAMS eingebunden werden.

Im nächsten Schritt werden die kinematischen Gegebenheiten des Prüfstands in MSC.ADAMS abgebildet, die gemäß der Funktionsskizze in Abbildung 6.16 festgelegt werden.

Zunächst wird ein Ring mit den Dimensionen des Prüflagerinnenrings modelliert und mittels eines *Fixed Joint*s auf der Welle an der Lagerstelle positioniert. Ein *Fixed Joint* sperrt alle Freiheitsgrade eines Körpers gegenüber seinem Bezugskörper. Der Lagerinnenring ist somit fest mit der Welle verbunden.

Der Lageraußenring wird ebenfalls auf Basis der Geometrie des Prüflagers modelliert und in seiner Anfangslage so positioniert, dass sein Schwerpunkt auf dem des Innenrings liegt. Die Freiheitsgrade des Außenrings werden mit einer so genannten *General Motion* definiert. Dieses Hilfsmittel erlaubt es, Translation und Rotation eines Körpers als Funktion

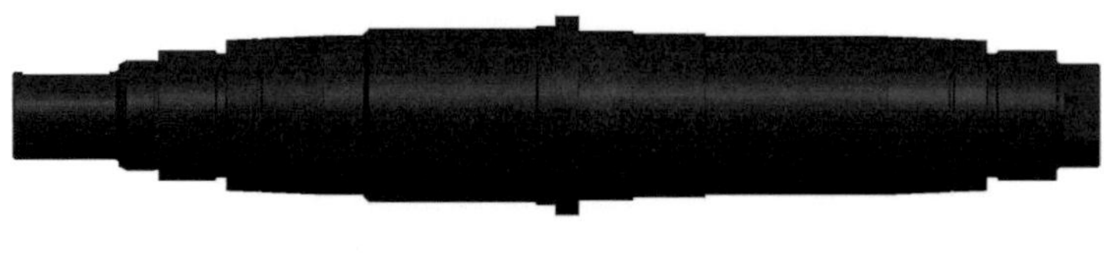

(a) CAD-Modell

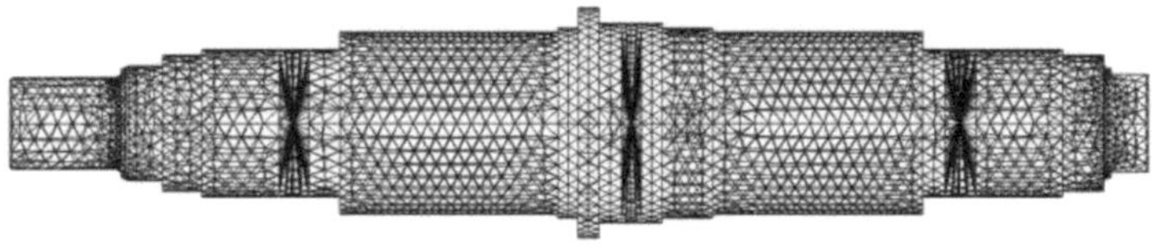

(b) FEM-Modell

Abbildung 6.15: Modelle der Welle für die modale Reduktion

der Zeit relativ zu einem anderen Koordinatensystem vorzugeben oder frei zu lassen. Dadurch können Freiheitsgrade gesperrt oder freigegeben werden. Als Bezugssystem für die *General Motion* wurde *ground* (also das Inertialsystem) gewählt. Es ist somit möglich, das Lager sowohl als Los- als auch als Festlager zu simulieren. Zusätzlich ermöglicht die *General Motion*, eine Verkippung des Außenrings relativ zum Innenring durch Rotation um eine Achse vorzugeben.

Sowohl am Prüfstand als auch in der Simulation wird die Radiallast über eine Belastung des Lageraußenrings eingeleitet. Dieser ist daher nicht fest, sondern kann sich in der Belastungsrichtung frei bewegen. Der Translationsfreiheitsgrad der y-Achse ist daher in der *General Motion* freigegeben. Die Radiallast wird über eine *Single Component Force* in MSC.ADAMS implementiert. Eine *Single Component Force* ist eine Kraft, die nur in eine festgelegte Richtung wirkt.

Die Stützlagerung nach dem Fest/Los-Prinzip ist am realen Prüfstand mit zwei Pendelrollenlagern realisiert. In MSC.ADAMS werden dafür kinematische Gelenke verwendet. Die Realisierung dieser Gelenke erfolgt durch *General-Motion*s, die festlagerseitig alle und loslagerseitig zwei Translationsfreiheitsgrade sperren. Pendelrollenlager sind in ihrer Winkelbewegung nicht eingeschränkt. Daher sind im Simulationsmodell alle rotatorischen Freiheitsgrade der Gelenke freigegeben.

Der Motor wird durch eine *Point Motion* um die x-Achse eines wellenfesten *Marker*s abgebildet. Diese gibt der Welle eine Drehung um die Symmetrieachse als Funktion der Zeit vor.

Abhängig vom getesteten Lagertyp werden die Kräfte zwischen Lagerinnen- und Lageraußenring des Prüflagers durch BEARING3D VX für Kugellager beziehungsweise

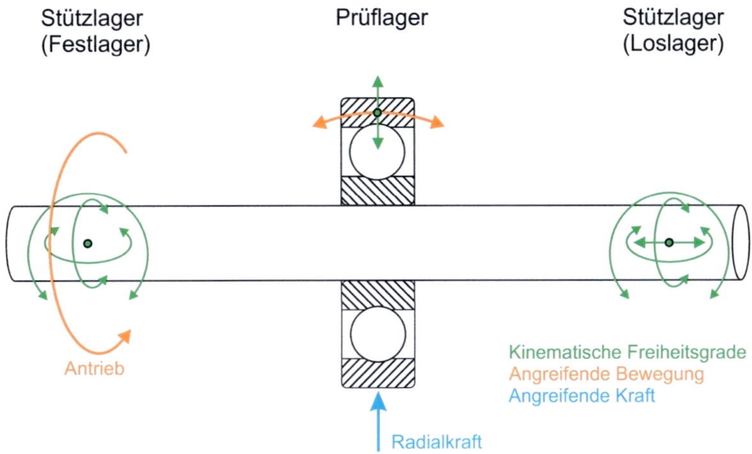

Abbildung 6.16: Schematische Darstellung des Simulationsmodells in MSC.ADAMS

NEEDLE3D VX für Zylinderrollenlager beschrieben.

In Abbildung 6.17 ist das vollständige Simulationsmodell des Wälzlagerprüfstands in MSC.ADAMS dargestellt.

6.3.2 Erfassung der Simulationsgrößen

Um Simulation und Messung mit möglichst geringem Aufwand vergleichen zu können, werden in der Simulation neben der Berechnung der physikalisch relevanten Größen des Lagers wie beispielsweise Radialbelastung, Verschiebung und Verkippungswinkel der Ringe zusätzlich die Sensoren des Prüfstands nachgebildet.

Folgende Daten werden während einer Rechnung gewonnen und anschließend im *PostProcessor* von MSC.ADAMS visualisiert:

- Kräfte und Momente
  Alle drei Komponenten der im Prüflager herrschenden Kräfte und Momente werden erfasst. Hierbei entspricht das Moment um die x-Achse dem Moment um die Rotationsachse der Welle, also dem Reibmoment.

- Drehgeschwindigkeit der Welle
  Die Drehgeschwindkeit der Welle wird in verschiedenen Einheiten als Frequenz [Hz], Winkelgeschwindigkeit [rad s^{-1}] und Drehzahl [min^{-1}] erfasst.

- Abstände und Winkel
  Die Verkippung des Lageraußenrings zum Innenring, die axiale Verschiebung des Lagers und die aus der Durchbiegung der Welle hervorgehende radiale Verschiebung

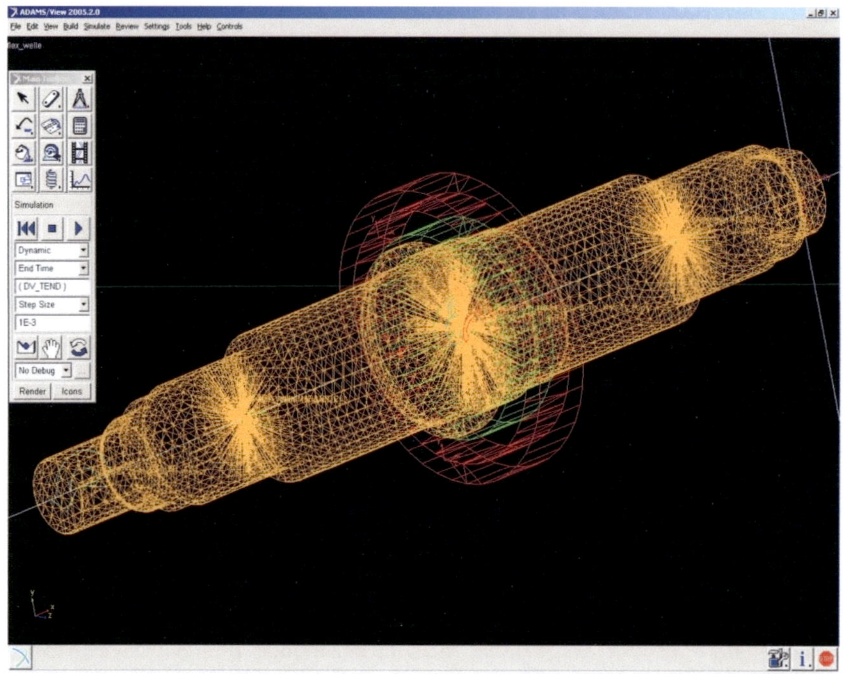

Abbildung 6.17: Simulationsmodell des Wälzlagerprüfstands in MSC.ADAMS

werden ausgewertet. Dazu werden virtuelle Sensoren eingebaut, die die Abstände zur Messscheibe so berechnen, wie sie im Prüfstand gemessen werden.

- Zeit
  Allen Simulationsdaten kann der zugehörige Zeitpunkt zugeordnet werden.

Zur Duchführung der Simulationen wird ein Makro verwendet. Das Makro fragt einen Dateinamen ab, unter dem die Simulationsdaten abgespeichert werden. Es stellt sicher, dass die Simulation mit dem $C++$-Solver *I3* berechnet und vom Zeitpunkt Null bis zur vorgegebenen Endzeit durchgeführt wird. Die Ausgabeschrittweite wird fest auf $0,001\,\text{s}$ gesetzt. Ist die Rechnung in MSC.ADAMS abgeschlossen, werden alle berechneten Werte in eine Datei gespeichert.
Weitere Details zum Vergleich von Versuchs- und Messdaten finden sich in [BF09b, FBS10].

6.4 Vergleich von Messung und Simulation

Nach Berechnung der Simulationsdaten werden diese mit den gemessenen Werten verglichen.

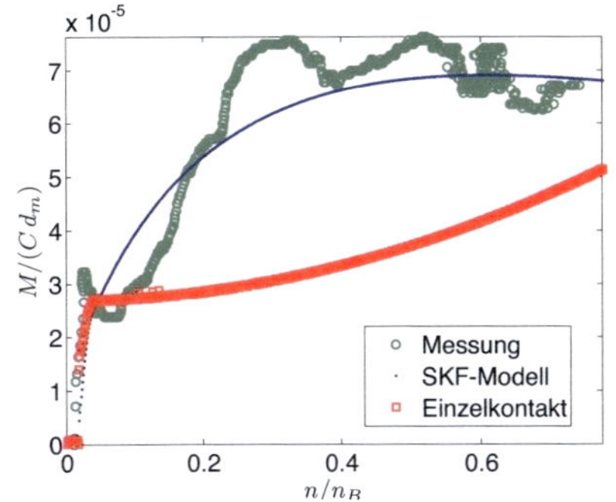

(a) Simulation mit SKF-Modell (blau) und Einzelkontaktmodellierung (rot) sowie Messung (grün)

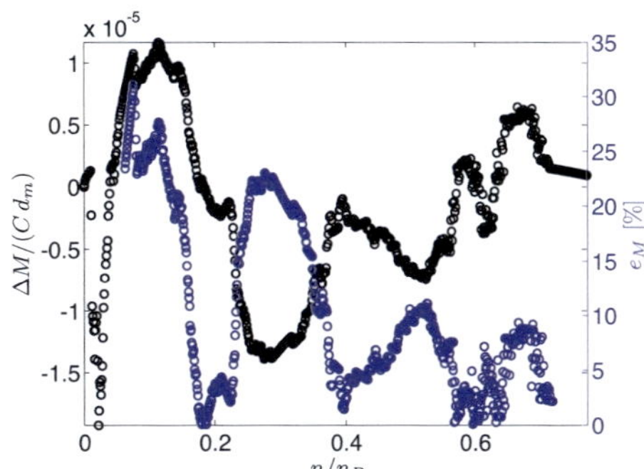

(b) Absolute (schwarz) und relative (blau) Abweichung des Reibmoments nach SKF von Messungen

Abbildung 6.18: Exemplarischer Vergleich des Reibmoments an einem Lager vom Typ NU219

Dazu werden zunächst die Simulationsergebnisse sowie die Messergebnisse zu jedem Zeitschritt in Matlab geladen. Die Ergebnisse werden für alle Reibungsmessungen nach der Drehzahl n sortiert und somit wie in Abbildung 6.18a jeweils einmal für die Berechnung mit dem SKF-Modell aus Abschnitt 5.2 und die Berechnung mit Einzelkontakten gemäß Abschnitt 5.3 dargestellt. Für die Messungen der Steifigkeit des Lagers werden die Ergebnisse nach der radialen Verschiebung s_{rad} der Lagerringe sortiert und wie in Abbildung 6.20a aufgetragen.

Die Anzahl und Position der Datenpunkte von Messung und Simulation stimmen sowohl auf der jeweiligen Abszisse als auch auf der Ordinate nicht überein. Dadurch entsteht bei der Berechnung der Abweichung der Daten das Problem, dass zunächst Datenpunkte von Messung und Simulation einander zugeordnet werden müssen.
Die Anzahl der Datenpunkte ist bei allen Messungen weit höher als die Anzahl in den Simulationen (mindestens zehnmal mehr). Da aus der Simulation in etwa 1000 Datenpunkte zur Verfügung stehen, genügt es die Abweichung zu allen Simulationszeitpunkten zu berechnen.
In Abbildung 6.19 wird diese Zuordnung der Messdaten exemplarisch dargestellt: Jedem Datenpunkt der Simulation (in Abbildung 6.19 blau) wird derjenige Ordinatenwert der Messung (grün) zugeordnet, der ihm auf der Abszisse am nächsten liegt. Die durch die Zuordnung entstandenen Werte werden in Abbildung 6.19 als rote Quadrate dargestellt.
Da es nicht zu jedem Simulationswert eine Entsprechung in der Messung gibt, kann es vereinzelt zu einem merklichen Abstand zwischen dem zugeordneten und tatsächlichen Abszissenwert kommen. Dieser Fall ist beim zugeordneten Wert für $n_B/n = 0,9$ in Abbildung 6.19 zu sehen. Da die Abstände zwischen den einzelnen Datenpunkten der Simulation aber sehr klein sind, spielt dies nur am Rand des ausgewerteten Gebiets eine Rolle. Denn dort wird jeweils der letzte Messwert am Rand des Diagramms allen weiter außen liegenden Werten aus der Simulation zugeordnet.

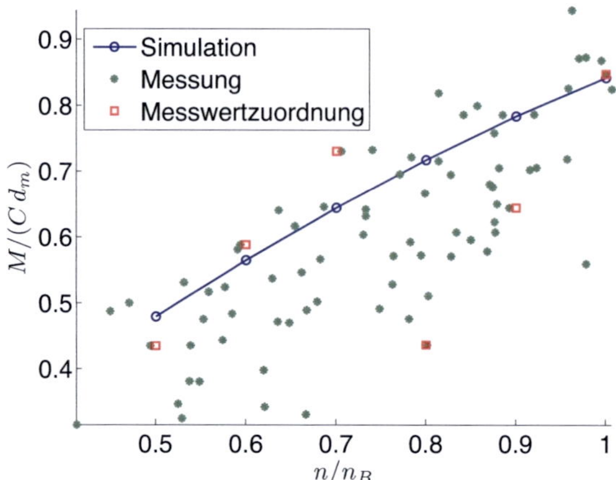

Abbildung 6.19: Zuordnung von Simulations- zu Messdaten

Gibt es mehrere Punkte, die zufällig den selben Abstand auf der Abszisse haben, wird ihr Ordinatenwert gemittelt.

Die absolute Abweichung wird anschließend zwischen den zugeordneten Werten und der Simulation in der Form

$$\Delta M = M_{Messung} - M_{Simulation} \tag{6.9}$$

für das Reibmoment berechnet. Dies geschieht jeweils einmal sowohl für das Reibmoment, das gemäß SKF ermittelt wurde, als auch für das mit Einzelkontakmodellierung berechnete Reibmoment.
Die relative Abweichung

$$e_M = \left| \frac{\Delta M}{M_{Simulation}} \right| \tag{6.10}$$

des Reibmoments wird durch Division mit dem berechneten Reibmoment $M_{Simulation}$ betragsmäßig ermittelt. Auf den Mittelwert der relativen Abweichung hat es nur geringen Einfluss, ob durch die Werte aus Simulation oder Messung dividiert wird. Allerdings ist so der Verlauf der Abweichungen geringeren statistischen Schwankungen unterworfen als bei Division durch das gemessene Moment, da das berechnete Moment in seiner Gesamtheit glatt verläuft. Absolute und relative Abweichung des Reibmoments in Abbildung 6.18a sind in Abbildung 6.18b für das SKF-Modell dargestellt.

Zur Beurteilung der Güte der Steifigkeitseigenschaften des Lagermodells erfolgt die Berechnung der Abweichung der Verschiebung

$$\Delta s_{rad} = s_{rad,Messung} - s_{rad,Simulation} \tag{6.11}$$

$$e_s = \left| \frac{\Delta s_{rad}}{s_{rad,Simulation}} \right| \tag{6.12}$$

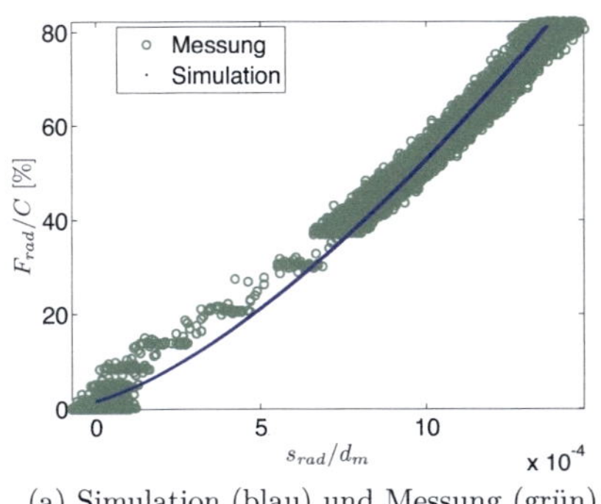

(a) Simulation (blau) und Messung (grün)

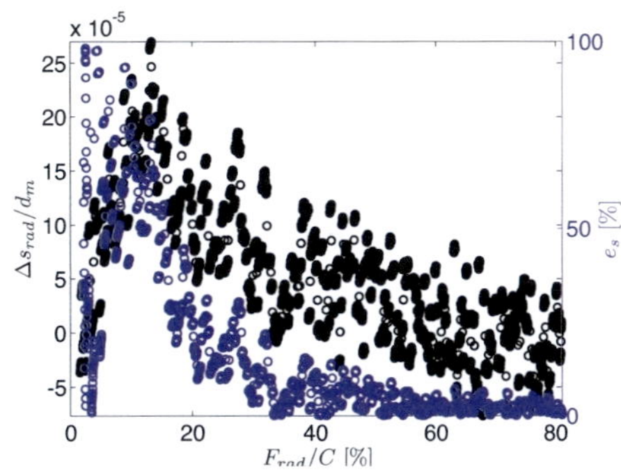

(b) Absolute (schwarz) und relative (blau) Abweichung der Ringverschiebung

Abbildung 6.20: Vergleich der Steifigkeit an einem Lager vom Typ 6219

analog zu Gleichungen (6.9) und (6.10). Um die berechnete Größe zu vergleichen, wird die Verschiebung in Abhängigkeit von der vorgegebenen Belastung analysiert. Die sich ergebenden absoluten und relativen Abweichungen sind in Abbildung 6.20b dargestellt. Der Vergleich von Steifigkeitseigenschaften und Reibmoment zwischen Modell und Realität ist somit für eine einzelne Messung durch graphische Beurteilung der Eigenschaften möglich.

	absolut ($\Delta s/d_m$)	relativ (e_s)
Mittlere Abweichung	$5,7 \cdot 10^{-5}$	13,7 %
Maximale Abweichung	$2,7 \cdot 10^{-4}$	88,8 %

Tabelle 6.2: Mittlere und maximale Abweichung von Simulation und Messung in Abbildung 6.20 im gesamten gemessenen Bereich der Radiallast

Mit dieser Methode ergeben sich gemäß Abbildung 6.20b für jeden Simulationszeitpunkt Zahlenwerte, die eine Aussage zu seiner Abweichung vom Messwert treffen.
Um die Güte der Lagermodelle darüber hinaus in einem breiten Parameterbereich zu untersuchen, müssen die Informationen daher zunächst auf wenige aussagekräftige Werte verdichtet werden. Aus diesem Grund werden für jede Messung Kennzahlen in unterschiedlichen Betriebsbereichen ermittelt. Für den Vergleich der Steifigkeit werden Bereiche der Radiallast definiert; für das Reibmoment Bereiche der Drehzahl. In jedem dieser Bereiche wird jeweils der Mittelwert sowie das Betragsmaximum der Abweichung von Simulation und Messung ermittelt. Tabelle 6.2 zeigt die Werte exemplarisch für den gesamten Bereich der Messung in Abbildung 6.20.

Neben den Kennzahlen für den gesamten Belastungsbereich wird durch Auftragung der Kennzahl ein grafisches Profil der Abweichungen im gesamten Belastungsbereich erstellt. In Abbildung 6.21 sind die mittleren Abweichungen aller vermessenen Rillenkugellager

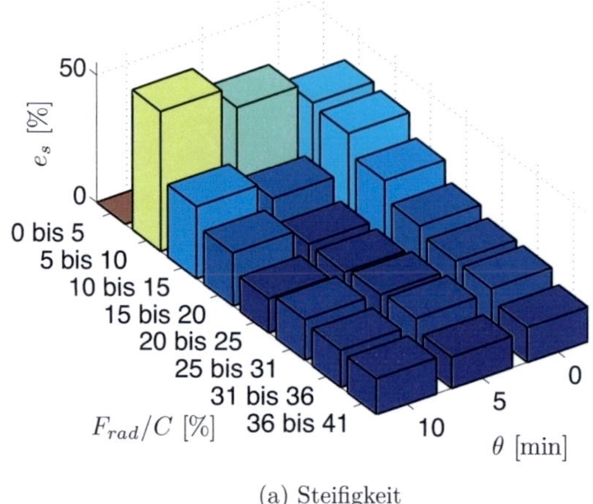

(a) Steifigkeit

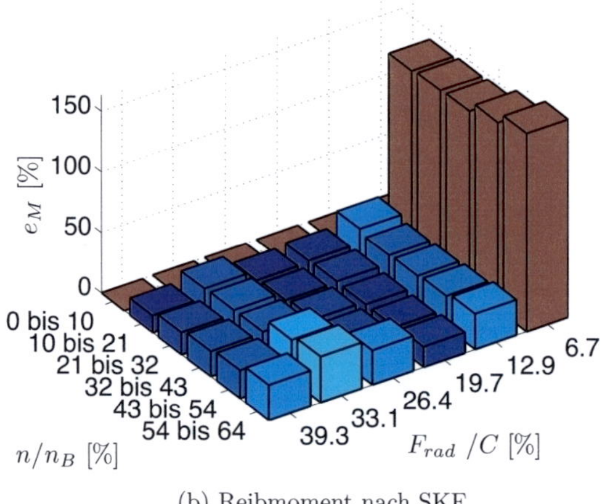

(b) Reibmoment nach SKF

Abbildung 6.21: Mittlere relative Abweichung zwischen Modell und Experiment bei Rillenkugellagern der Bauarten 6219 und 6217

für Steifigkeit in (a) und Reibmoment in (b) dargestellt. In Abbildung 6.22 ist die gleiche Darstellung für die untersuchten Zylinderrollenlager aufgetragen.

Die Güte des berechneten Reibmoments kann so mit Hilfe von Abbildungen 6.21b und 6.22b in Abhängigkeit von Drehzahl und Radialbelastung beurteilt werden. Für die Steifigkeit ergeben sich Diagramme in Abhängigkeit von Verkippungswinkel und Radialbelastung wie in den Abbildungen 6.21a und 6.22a. Zur besseren Vergleichbarkeit verschiedener Lager werden die Diagramme dimensionlos dargestellt. Dazu wird die Drehzahl n durch die Bezugsdrehzahl n_B dividiert, die für die Berechnung der maximal zulässigen Drehzahl des Lagers verwendet wird. Die radiale Belastung F_{rad} wird mit Hilfe der dynamischen

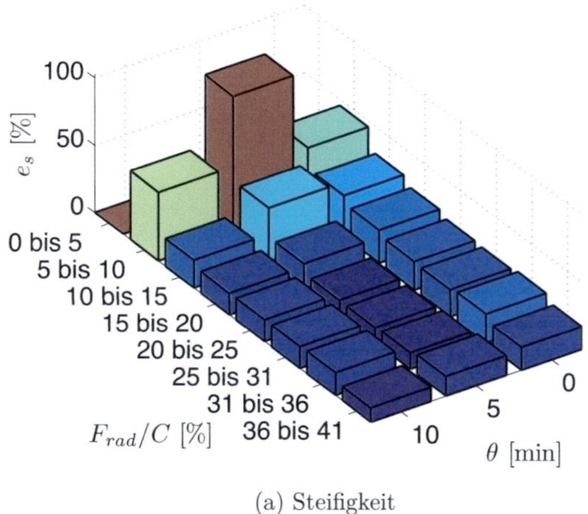

(a) Steifigkeit

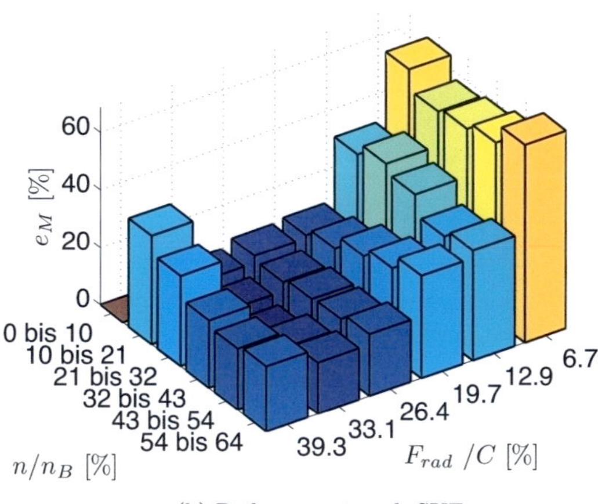

(b) Reibmoment nach SKF

Abbildung 6.22: Mittlere relative Abweichung zwischen Modell und Experiment der Zylin-
derrollenllager der Bauarten NU219 und NU217

Tragzahl C, die eine Kenngröße für die Maximalbelastung des Lagers ist, normiert.

7 Bewertung der Simulationsmodelle

Zur Untersuchung der Leistungsfähigkeit der Lagermodelle BEARING3D VX und NEEDLE3D VX wird im Folgenden der Vergleich mit Messungen aus Kapitel 6 ausgewertet. Darüber hinaus werden die Lagermodelle mit weiteren Simulationsmodellen verglichen, um die Eignung der erstellten generischen Maschinenelemente zur Simulation von Wälzlagern zu untersuchen. Zusätzlich werden Überlegungen zum Gültigkeitsbereich der Modelle angestellt.

7.1 Physikalisches Modell

Der folgende Abschnitt befasst sich mit der Güte der Abbildung der charakteristischen physikalischen Eigenschaften der Modelle BEARING3D VX und NEEDLE3D VX.

7.1.1 Kinematik

Im Unterschied zum Modell in [Oes04] wurde hierfür die Kinematik des Lagers statt Projektionswinkeln eine Formulierung mit konsekutiven Drehungen um Eulerwinkel verwendet.

Die Verwendung von Eulerwinkeln entspricht der Standardbeschreibung der Orientierung in MSC.ADAMS. Durch die Eulerwinkel entstehen singuläre Stellungen für die Rotation der Ringe zueinander. Aus zwei Gründen hat dies jedoch für das Simulationsmodell keine negative Auswirkung:

Singuläre Stellungen würden innerhalb der Routine aufgrund der vorgegebenen Anordnung der Koordinatensysteme im Lager bei einer Drehung des Innenrings um $\theta = 90°$ entstehen. Diese großen Verkippungen sind aber aufgrund des Modells für die Lagersteifigkeit ohnehin nicht zulässig (und in der Realität nicht möglich).

Darüber hinaus vermeidet der numerische Gleichungslöser in MSC.ADAMS automatisch singuläre Stellungen, indem bei Annäherung an die singuläre Stellung die Koordinatenachsen so getauscht werden, dass die Winkel eine reguläre Stellung beschreiben.

In den meisten Belastungsfällen unterscheiden sich die Positionen und somit die Durchdringungen der Wälzkörper zwischen der Formulierung mit Projektionswinkeln und Eulerwinkeln kaum, wie anhand des Kraftverlaufs in Abbildung 7.1a zu erkennen ist.[1] Bei kleinen Verkippungen des Lagers ergibt sich allerdings ein Unterschied im Moment, da die numerische Berechnung der Projektionswinkel weniger exakt ist als die mit Hilfe der Eulerwinkel durchgeführte. Daher entstehen störende Spitzen des Momentes, auch wenn das Lager in unverkippter Position ist. Auf die Simulationsergebnisse für Bewegung und

---

[1] Für die Vergleiche stand das Modell BEARING3D aus [Oes04] zur Verfügung.

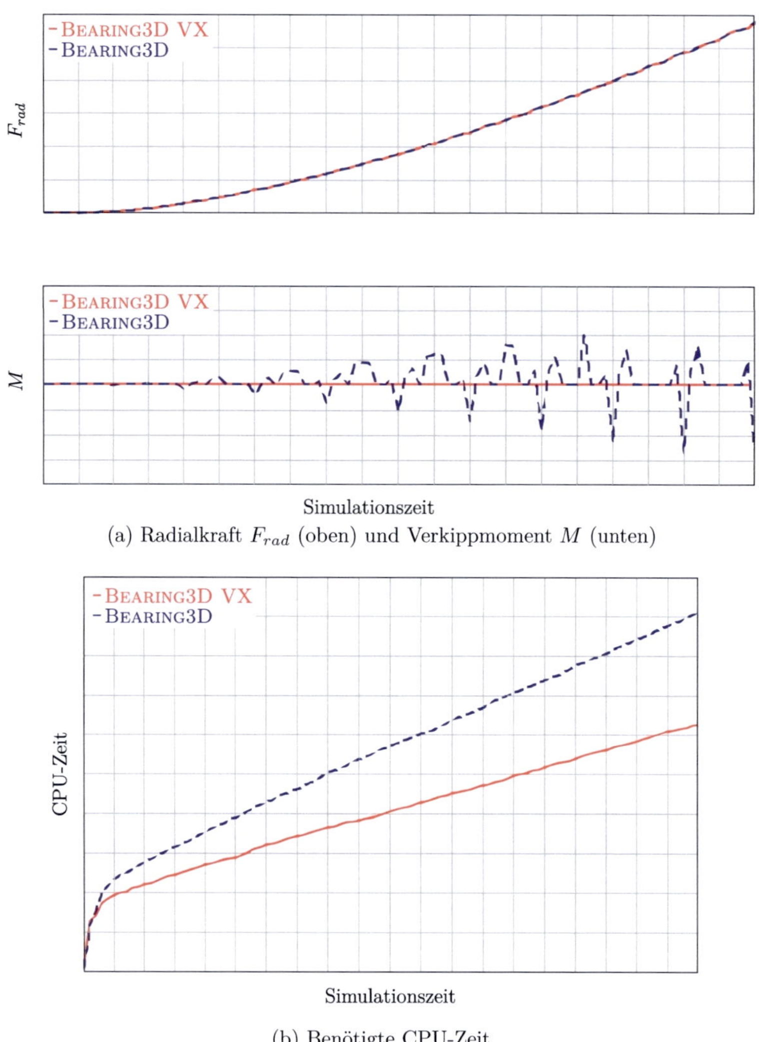

(a) Radialkraft F_{rad} (oben) und Verkippmoment M (unten)

(b) Benötigte CPU-Zeit

Abbildung 7.1: Unterschiede durch modifizierte Kinematik zwischen BEARING3D und BEARING3D VX

Kräfte haben diese Spitzen (bei geeigneter Lagerung der Gesamtmaschine) in der Regel kaum Auswirkungen.

Die Spitzen im berechneten Moment erschweren aber die numerische Integration der Bewegungsgleichungen, da mehrere Iterationen durchgeführt werden müssen um Konvergenz zu erreichen. Dadurch verläuft die numerische Integration bedeutend langsamer, da die automatische Schrittweitensteuerung die Zeitschritte des Gleichungslösers verringert.

Durch die vektorielle Kinematik konnte somit die benötigte Rechendauer für das Simulationsmodell deutlich verringert werden, wie in Abbildung 7.1b anhand einer Beispielrechnung zu sehen ist.

7.1.2 Radial- und Verkippsteifigkeit

Die Lagersteifigkeit wurde in Abschnitt 6.4 mit Messungen verglichen. In Abbildung 6.21a ist die Abweichung zwischen Experiment und Simulation für Rillenkugellager und in Abbildung 6.22a für Zylinderrollenlager dargestellt.

Es zeigt sich, dass die Messungen an Zylinder- und Rillenkugellagern bei mittleren Lasten ($F_{rad}/C = 15\% \ldots 50\%$) gut mit den Simulationen durch BEARING3D VX bzw. NEEDLE3D VX übereinstimmen. Die mittleren relativen Abweichungen e_s betragen hier gemäß Abbildung 7.2 weniger als 20% bei allen Verkippungswinkeln θ.

Bei kleinen Belastungen ($F_{rad}/C < 15\%$) steigen die Abweichungen deutlich an. Die Ursache hierfür liegt darin, dass in der radialen Belastungseinheit Reibungskräfte herrschen, die bis zu einer Grenze von ungefähr $F_{rad}/C \approx 20\%$[1] bei einem Teil der Experimente die Steifigkeit des Prüfstands sichtbar beeinflussen. Diese Kräfte wurden im Simulationsmodell nicht abgebildet, da bei den meisten Experimenten ein Verlauf gemäß Abbildung 6.20a festgestellt wurde, bei dem das Umschalten der Steifigkeit nur vernachlässigbaren Einfluss hat.

In Abbildung 7.3a ist zu sehen, wie sich die Steifigkeit des Versuchsstands bei Erreichen von $F_{rad}/C \approx 20\%$ instantan verändert. Darüber hinaus ist in Abbildung 7.3b zu erkennen, dass es an dieser Grenze auch zu einem Zurückspringen kommen kann, falls die Welle aufgrund der Haftreibung zunächst ein elastisches Potential aufbaut, das bei Erreichen der Haftgrenze schlagartig freigesetzt wird.

Die Diagramme für die Steifigkeit wurden daher so ausgewertet, dass der Mittelpunkt beim niedrigsten Kraftwert des zweiten Steifigkeitsbereichs ($F_{rad}/C \approx 20\%$) auf den Ergebnissen der Simulation zu liegen kommt.

Bei einer Belastung $F_{rad}/C \approx 0$ um den Nullpunkt herum kann keine mittlere relative Abweichung berechnet werden, da es durch die Division mit $\delta_{Simulation}$ zur numerischen Division durch sehr kleine Werte kommt. Dadurch wird an einzelnen Stellen eine unendlich große Abweichungen berechnet. Ein einzelner Wert mit nahezu unendlicher Abweichung genügt, um den Mittelwert der Abweichung unendlich groß werden zu lassen, da dieser über endlich viele Stützstellen berechnet wird.

Die Abweichung der Steifigkeit im niedrigen Lastbereich ist aufgrund der oben genannten Anpassung der Verschiebung in den Diagrammen aber ohnehin nicht aussagekräftig.

Messung und Simulation stimmen im mittleren Lastbereich somit gut überein.

---

[1] Aufgrund der unterschiedlichen Tragzahlen C ist dieser Wert abhängig vom verwendeten Lager. Die Radialbelastung F_{rad} an dieser Stelle ist für alle Lager bei den Experimenten in etwa gleich.

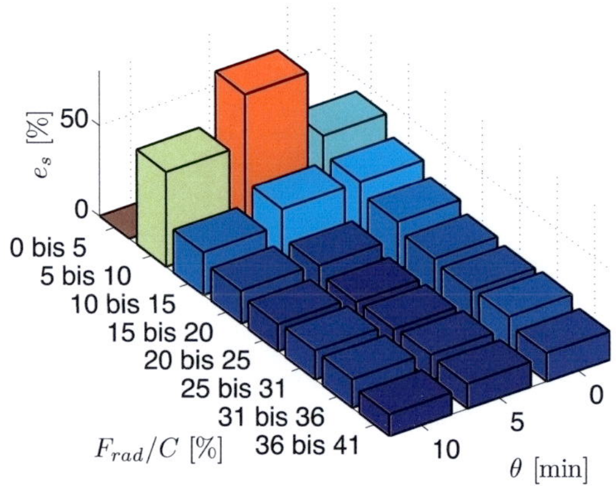

(a) Abhängigkeit von der Verkippung

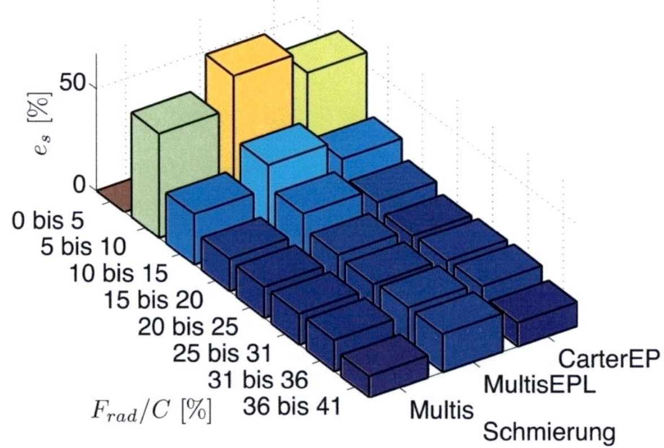

(b) Abhängigkeit vom Schmiermedium (Datenblätter siehe Anhang A und B)

Abbildung 7.2: Abweichung zwischen radialer Auslenkung in Simulationsmodell und Experiment aller getesteten Lager

Neben diesem Vergleich mit Messungen am Prüfstand werden im Folgenden die Simulationsmodelle BEARING3D VX und NEEDLE3D VX mit weiteren Simulationsmodellen verglichen, um ihre Gültigkeit zu überprüfen.

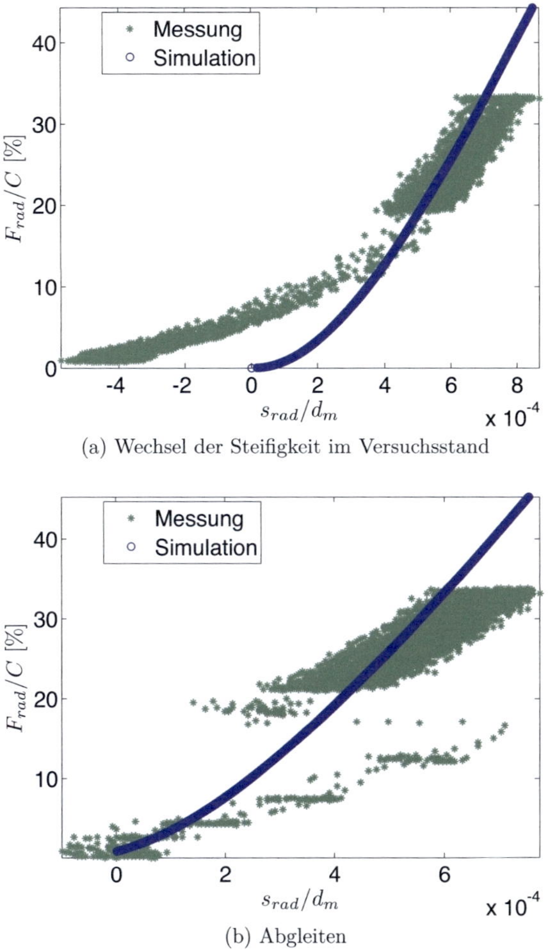

(a) Wechsel der Steifigkeit im Versuchsstand

(b) Abgleiten

Abbildung 7.3: Auswirkungen der Reibung im Prüfstand auf einzelne Messergebnisse für die Belastungskurve

Vergleich von Bearing3D VX mit einem Kugellagervollmodell in MSC.ADAMS

Im Modell BEARING3D VX werden die Wälzkörper durch kinematische Übersetzungen bewegt. Somit werden während der Simulationsdauer keine Kräftegleichgewichte für die einzelnen Kugeln ausgewertet. Der Einfluss dieser kinematischen Übersetzung auf die Lagerkräfte wird untersucht, indem ein zweites Modell für Kugellager in [BF09a] und [LF10] aufgebaut wird. Anschließend werden dessen Ergebnisse mit denen aus BEARING3D VX verglichen.

Im Gegensatz zu BEARING3D VX existieren im Vollmodell alle Körper als *Rigid Bodies* in MSC.ADAMS und stehen in radialer und axialer Richtung im Kräftegleichgewicht (siehe Abbildung 7.4).

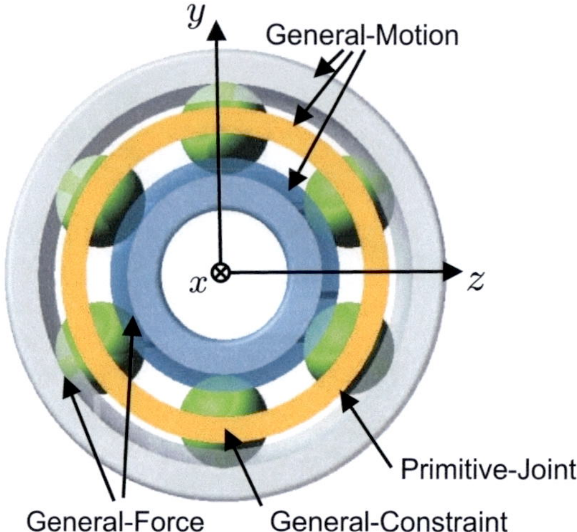

Abbildung 7.4: Modellierung kinematischer und dynamischer Randbedingungen des MSC.ADAMS-Lagermodells

Die Wälzkörper werden mit dem Käfig über *Primitive Joints* so gekoppelt, dass eine Drehung des Innenrings Abrollen – und somit eine Umfangsbewegung – der Wälzkörper hervorruft.

Die auftretenden Kräfte und Momente zwischen Wälzkörpern und Ringen werden über benutzerdefinierte *General Force*-Subroutinen hergestellt. In diesen FORTRAN-Routinen ist das Kraftmodell für einen *Hertz*schen Kontakt hinterlegt.

MSC.ADAMS übergibt dazu in jedem Zeitschritt die Position und Orientierung der Wälzkörpermittelpunkte sowie der Ringmittelpunkte in die Subroutine. Dort wird anhand der kinematischen Größen der Mittelpunkte die Durchdringung des Kontaktes ermittelt. Auf die gleiche Weise wird auch die Durchdringungsgeschwindigkeit berechnet. Die Details zur Bestimmung der Durchdringung finden sich in [LF10, S. 8ff.].

Aus den Durchdringungen werden die rückstellenden Kräfte aus dem *Hertz*schen-Kontakt berechnet. Darüber hinaus werden Dämpfungskräfte aus einem zur Durchdringungsgeschwindigkeit proportionalen Dämpfer ermittelt.[1]

---

[1] Damit Lager unterschiedlicher geometrischer Abmessungen simuliert werden können, besteht die Möglichkeit, über Matlab ein *Command*-File des Lagers mit gewünschten Abmessungen zu generieren. Hierfür werden die entsprechenden Lagerabmessungen aus einer Lagertyp-Datei in Matlab eingelesen, die in der gleichen Weise zur Spezifikation des Lagers in BEARING3D VX dient. Darauf aufbauend werden automatisiert die Körper, Kräfte und Bedingungen des Lagers erzeugt und in einem *Command*-File abgespeichert, das in MSC.ADAMS zur Simulation importiert werden kann.

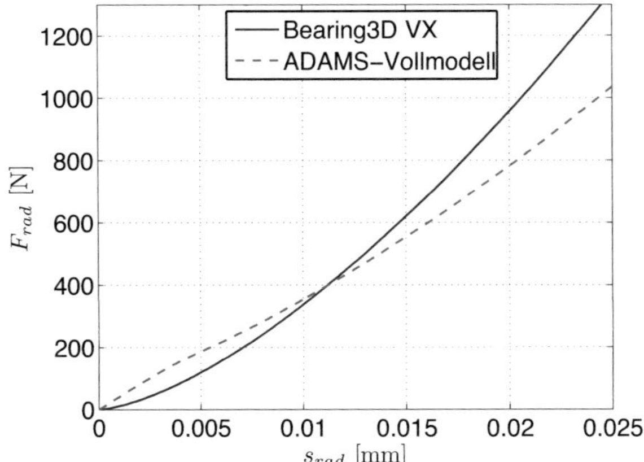

Abbildung 7.5: Vergleich der radialen Kräfte bei Verschiebung des Innenrings in radiale Richtung zwischen MSC.ADAMS -Vollmodell und BEARING3D VX für INA-6300 C0 (Schmiegung: $\kappa_i = 0,0450$, $\kappa_a = 0,0878$)

Vergleicht man die rückstellenden Kräfte in BEARING3D VX mit denen des voll in MSC.ADAMS aufgestellten Modells anhand eines Lagers vom Typ 6300 C0 (Schmiegung: $\kappa_i = 0,0450$, $\kappa_a = 0,0878$), so fällt die Steifigkeit des Vollmodells im unteren Lastbereich um einen Faktor 2 höher aus, wie in Abbildung 7.5 zu sehen ist. Eine höhere Steifigkeit wird auch in den Messungen in Abschnitt 6.4 festgestellt.

Die geringere Steifigkeit des Modells BEARING3D VX ist aufgrund der kinematischen Vorgabe der Wälzkörperverschiebung bei unterschiedlich elastischen Ringkontakten zu erwarten: Der Wälzkörper wird stärker in den weniger elastischen Ring eingedrückt, als er es bei einem Kräftegleichgewicht tun würde. Da die Kraft nicht vom weicheren (Außen-) Ring bestimmt wird, der in einem Kräftegleichgewicht die Reihenschaltung zweier Federn dominieren würde, ergibt sich die Kraft allein aus der Steifigkeit des Innenrings.

Der Verlauf des Vollmodells stimmt im weiteren Verlauf mit dem von BEARING3D VX gut überein. Die Auswirkungen des fehlenden Kräftegleichgewichts sind also insgesamt akzeptabel.

Vergleich von Needle3D VX mit einem FEM-Modell

Zur Überprüfung der Rückstellkräfte und des Spannungsverlaufs am Wälzkörper in NEEDLE3D VX wird in [MF07] und [SF08] ein Vergleich mit FEM-Rechnungen durchgeführt.

Zunächst wird der Spannungsverlauf entlang eines Wälzkörpers mit NEEDLE3D VX im parallelen und verkippten Zustand verglichen.
Dazu wird in ABAQUS ein Modell bestehend aus einer ebenen Platte und einem Viertelzylinder aufgebaut, der gemäß DIN ISO 281 profiliert ist (siehe Abbildung 7.6a). An

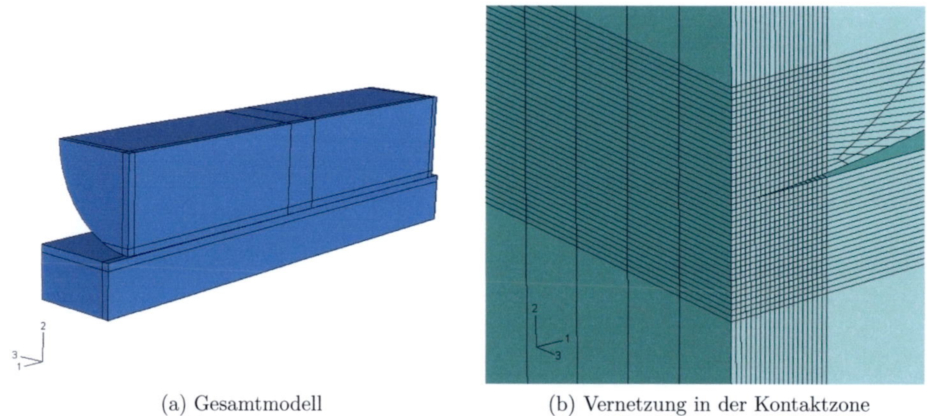

<table>
<tr><td>(a) Gesamtmodell</td><td>(b) Vernetzung in der Kontaktzone</td></tr>
</table>

Abbildung 7.6: Aufbau des FEM-Modells ($d = 2,5$ mm, $l = 6,8$ mm, $Q = 1000$ N)

den Schnittflächen wird als Symmetriebedingung jeweils Spiegelsymmetrie festgelegt. Der Durchmesser beträgt in der Wälzkörpermitte $D_w = 2,5$ mm und verringert sich nach außen hin. Der Wälzkörper hat eine Länge von $\ell = 6,8$ mm. In den Berechnungen wird der Wälzkörper jeweils mit einer Kraft $Q = 1000$ N in eine Ebene gedrückt, die den Laufring abbildet. Die Kraft wird dabei als gleichmäßig verteilte Flächenlast in der horizontalen Wälzkörperschnittebene aufgebracht.

Um den verkippten Zustand des Wälzkörpers zu simulieren, wird die Kontaktebene mit einer Schräge versehen. Die Ebene steht so jeweils im Winkel von 1 mrad, 2 mrad oder 3 mrad zur Rotationsachse des Zylinders. Dies entspricht in etwa Verkippungen des Wälzkörpers von 3, 4', 6, 8' und 10, 3 Winkelminuten.

Das Modell wird mit linearen Hexaederelementen vernetzt. Aufgrund der in der Kontaktzone herrschenden hohen Spannungen und Spannungsgradienten wurde gemäß Abbildung 7.6b das Netz so lange verfeinert, bis eine Verkleinerung der Elemente keine merkliche Änderung des Ergebnisses mehr hervorrief.[1]

Vergleicht man die Kontaktpressung aus dem Scheibenmodell in Abbildung 4.15 mit den Kontaktpressungen aus der FEM-Rechnung in Abbildung 7.7, so zeigt sich, dass der Lastverlauf entlang eines rollenförmigen Wälzkörpers qualitativ sowohl im parallelen als auch im verkippten Zustand in NEEDLE3D VX gut abgebildet werden kann.

Neben dem Vergleich des Spannungsverlaufs am Wälzkörper ist – wie für das Rillenkugellager – eine Beurteilung der Auswirkung der kinematischen Bewegung der Wälzkörper auf die Wälzkörperbelastung von Interesse, da im Prüfstand aus Kapitel 6 die Belastung am einzelnen Wälzkörper nicht untersucht werden kann.

Es wird daher ein zweites FEM-Modell erstellt, das ein gesamtes Wälzlager vom Typ NJ2316-E-TVP2 abbildet. Die makroskopische Geometrie des Lagers wurde einem CAD-

---

[1]Die maximale Kantenlänge der Elemente in der Kontaktzone beträgt $0,008$ mm.

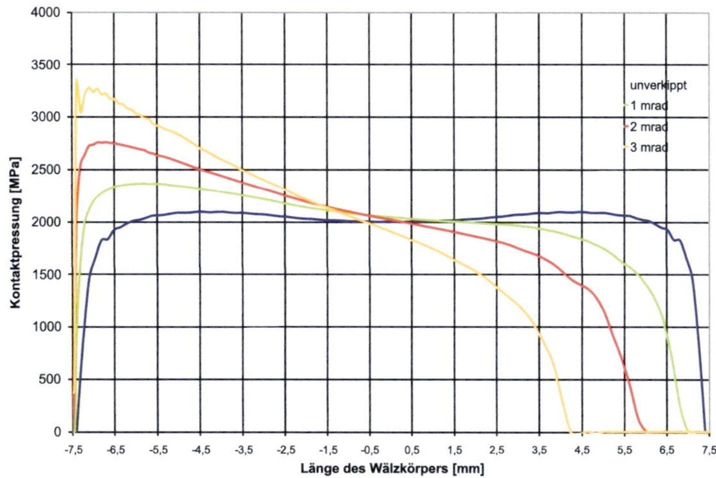

Abbildung 7.7: Kontaktspannungen am nach DIN ISO 281 profilierten Wälzkörper aus FEM-Rechnung

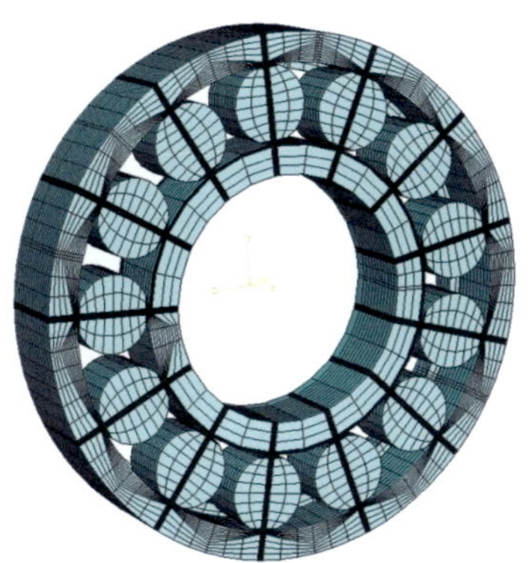

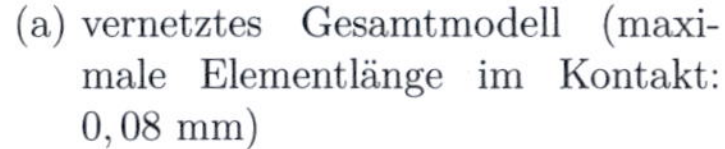

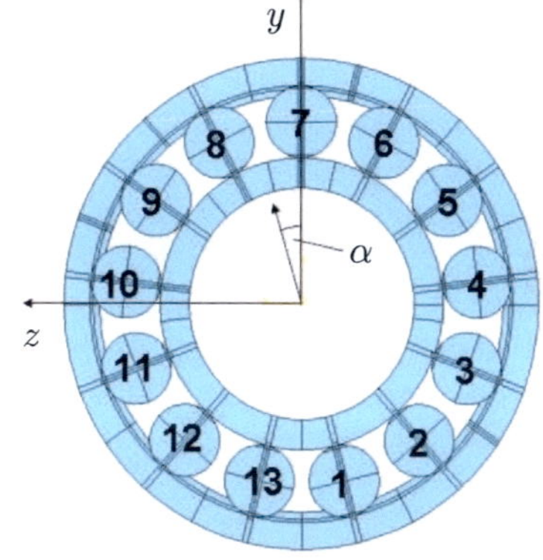

(a) vernetztes Gesamtmodell (maximale Elementlänge im Kontakt: $0,08$ mm)

(b) Position der radialen Last relativ zu den Wälzkörpern ($\alpha = 0$: Last in Wälzkörperrichtung, $\alpha = 13,8°$: Last in Richtung der Lücke)

Abbildung 7.8: FEM-Modell des FAG-Zylinderrollenlagers NJ2361-E-TVP2

Modell entnommen, das im interaktiven Lagerkatalog [INA10] des Herstellers INA heruntergeladen werden kann. Da dieses CAD-Modell nur zur Anpassung der Umbaugeometrie in Gesamtmaschinenmodellen dient, sind in ihm die Wälzkörper als reine Zylinder modelliert. Um eine realistische Kontaktgeometrie zu erhalten, werden daher die Wälzkörper des Modells gemäß DIN ISO 281 profiliert. Nicht funktionsbedingte Verrundungen an den

Lagerringen werden entfernt, um eine einfachere Netzstruktur und somit geringere Rechenzeit zu ermöglichen.

Das Modell wird mit linearen Hexaederelementen vernetzt. Diese Elemente lieferten bei vorangegangenen Berechnungen gute Ergebnisse bei angemessener Rechenzeit. Die Netzdichte in den Kontaktzonen wird gemäß den Erfahrungen aus dem Modell der einzelnen Rolle gewählt (maximale Kantenlänge 0,08 mm). Im Kontaktbereich von Wälzkörpern und Ringen ist die Netzdichte somit jeweils erhöht, da hier die maximalen Spannungen in den Wälzkörpern zu erwarten sind.

Die Kontaktbedingungen zwischen den einzelnen Wälzkörpern und den Lagerringen werden aus vorangegangenen Rechnungen am Einzelkontakt (siehe [MF07, S. 45ff.]) bestimmt. Das Wälzlager wird im unverkippten Zustand untersucht. Da das Lager dann symmetrisch zur yz-Ebene gemäß Abbildung 7.8 ist, wird nur eine Hälfte in ABAQUS implementiert und vernetzt. An den Schnittflächen wird als Symmetriebedingung Spiegelsymmetrie zur yz-Ebene angegeben. In Abbildung 7.8a ist das FEM-Modell mit Sicht auf die Symmetriefläche dargestellt.

Um das FEM-Modell direkt mit NEEDLE3D VX zu vergleichen, werden die Reaktionskräfte an den einzelnen Wälzkörpern ausgewertet. Der Druck, der in der Kontaktzone herrscht, wird in ABAQUS mit Hilfe einer Outputvariablen bestimmt. Mit Hilfe der Kontaktfläche kann die Radialkraft

$$F_{rad} = \int p \, \mathrm{d}A \tag{7.1}$$

als Integral des Drucks über der Kontaktfläche berechnet werden.

Für das Modell werden fünf verschiedene Lastfälle generiert. Der Innenring wird bei allen Lastfällen jeweils um $0,1$ mm innerhalb der yz-Ebene verschoben. Die Richtung der Verschiebung dreht dabei um die x-Achse des in Abbildung 7.8b dargestellten Koordinatensystems.

Im ersten Lastfall ist die Verschiebung somit parallel zur y-Achse genau auf den Mittelpunkt von Wälzkörper 7 gerichtet. Im letzten Lastfall zeigt die Belastungsrichtung genau in die Mitte der Lücke zwischen den Wälzkörpern 7 und 8. Bei 13 Wälzkörpern beträgt die Drehung der Belastung zwischen den einzelnen Lastfällen daher jeweils $\Delta\alpha = 3,46°$.

Diagramm 7.9a zeigt die Radialkräfte der Wälzkörper in NEEDLE3D VX. Aus Diagramm 7.9b können die Radialkräfte der Wälzkörper des FEM-Modells entnommen werden. Die daraus resultierenden relativen Abweichungen

$$e_F = \frac{|F_{i,FEM} - F_{i,MKD}|}{F_{i,MKD}} \tag{7.2}$$

der Kräfte an den einzelnen Wälzkörpern sind in Abbildung 7.10 dargestellt.

Es zeigt sich, dass die Kräfte an den Wälzkörpern 6, 7 und 8, die direkt in der Belastungsrichtung liegen, bei beiden Modellen mit einer relativen Abweichung $e_F < 5\%$ fast identisch sind. Außen liegende Wälzkörper tragen in beiden Modellen aufgrund des Lagerspiels nicht zur Kraftübertragung bei.

Die Wälzkörper 5 und 10, die unter annähernd 70° zur Belastung liegen, werden im

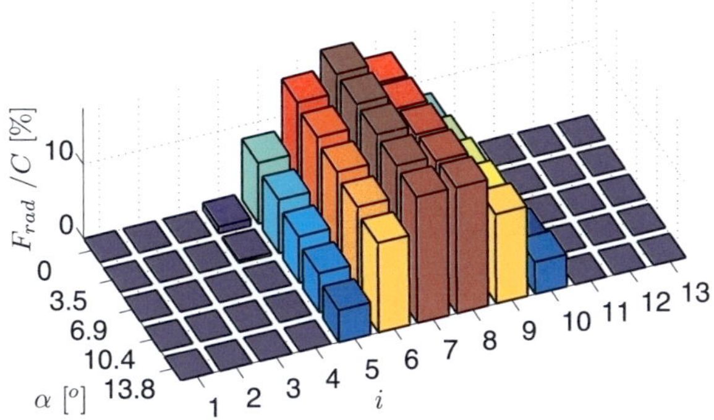

(a) Kräfte aus NEEDLE3D VX

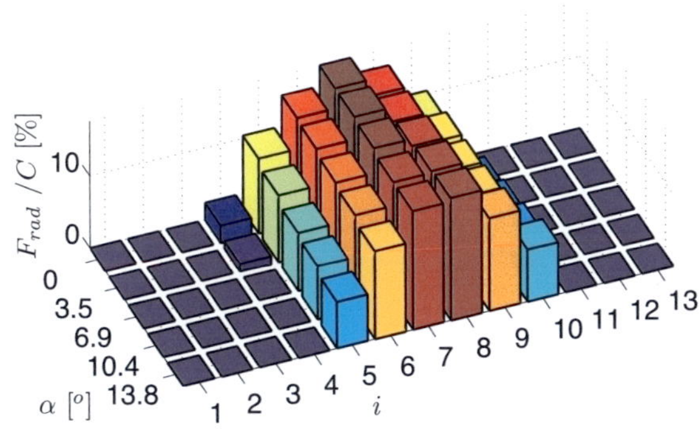

(b) Kräfte aus FEM-Rechnung (aus [MF07])

Abbildung 7.9: Radialkräfte im Wälzlager abhängig vom Winkel α der Last (gemäß Abbildung 7.8b)

FEM-Modell deutlich ($e_F \approx 20\%$) höher belastet als in NEEDLE3D VX. Der Anteil dieser zwei Wälzkörper an der Gesamttragkraft des Lagers ist allerdings gering.

Zur Berechnung der Lebensdauer des Wälzlagers ist die Höchstbelastung der Wälzkörper maßgebend. Dieser Maximalwert ist in beiden Modellen nahezu gleich. Die Belastung steigt lediglich früher zum Maximum hin an. Diese stärkere Belastung bei mittleren Lasten beeinflusst eine Berechnung der nominellen Lebensdauer nur geringfügig. Die Höhe der Abweichungen ist daher akzeptabel.

Die rückstellende Gesamtlagerkraft ist in beiden Modellen in etwa gleich, da die höchstbelasteten Wälzkörper im FEM-Modell einen geringeren Anteil der Last tragen als in

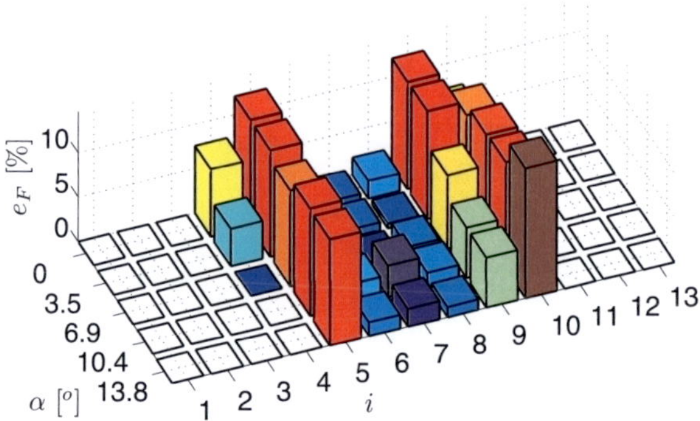

Abbildung 7.10: Abweichung der Radialkräfte einzelner Wälzkörper zwischen FEM-Modell und NEEDLE3D VX abhängig vom Winkel α der Last (gemäß Abbildung 7.8b)

NEEDLE3D VX, während die niedrig belasteten Wälzkörper einen höheren Traglastanteil haben.

Die Auswirkungen der kinematischen Vorgabe der Wälzkörperbewegung auf Wälzkörper- und Lagerkräfte in NEEDLE3D VX sind also klein, sodass das Modell geeignete Simulationswerte liefert.

7.1.3 Reibungsverluste

Die Reibungsverluste in BEARING3D VX und NEEDLE3D VX werden mit Messungen am Prüfstand verglichen. Dabei zeigt sich in Abbildung 7.12a, dass die gemessenen Reibmomente fast im gesamten Belastungsbereich nicht mehr als 30% von den Simulationsergebnissen des SKF-Modells abweichen. Lediglich am Rand des Belastungsbereichs kommt es zu starken Abweichungen:
Bei niedrigen Belastungen ($F_{rad}/C = 6, 7\%$) unterschätzt die Berechnung das tatsächliche Reibmoment deutlich ($e_M \approx 100\%$ als Mittel über alle Lager). Betrachtet man Abbildung 6.21b und Abbildung 6.22b, so ist zu erkennen, dass bei Zylinderrollenlagern das Reibmoment auch abweicht, aber nicht so stark wie bei Rillenkugellagern. Die Ursache für die deutliche Abweichung der Reibmomente der Rillenkugellager liegt darin, dass diese im Gegensatz zu Zylinderrollenlagern auch Axialkräfte aufnehmen können. Geringe Verspannungen des Prüflagers durch die Montage führen zu zusätzlichen Belastungen in axialer Richtung, die im Prüfstand nicht durch Sensoren erfasst werden. Die zusätzlichen Lasten rufen gemäß Gleichung (5.11) eine höhere äquivalente Belastung hervor, die zu einem höheren Reibmoment führt. Bei geringer Belastung ist der Einfluss dieser axialen

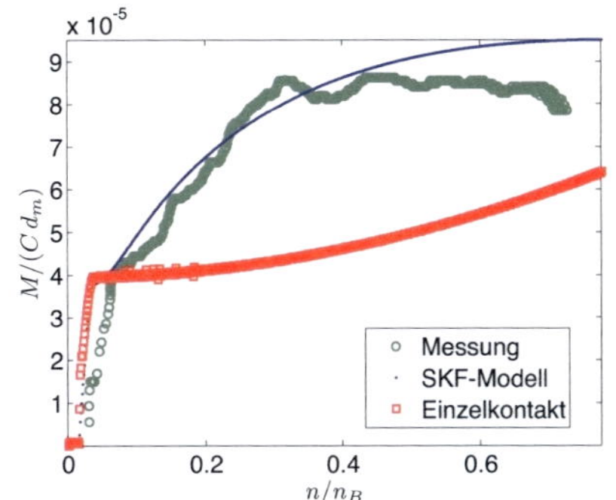

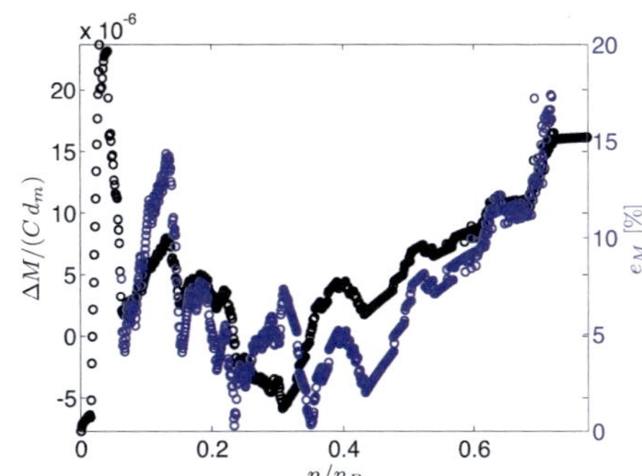

(a) Simulation mit SKF-Modell (blau) und Einzelkontaktmodellierung (rot) sowie Messung (grün)

(b) Absolute (schwarz) und relative (blau) Abweichung des Reibmoments nach SKF von Messungen

Abbildung 7.11: Exemplarischer Vergleich des Reibmoments an einem Lager vom Typ NU219 bei erhöhter Radiallast (vergleiche Abbildung 6.18)

Zusatzlast relativ groß und somit die hervorgerufene Abweichung deutlich erkennbar.

Außer bei niedrigen Belastungen weichen Simulations- und Messergebnis auch bei kleinen Drehzahlen ($n/n_B < 10\%$) stark voneinander ab. Dies ist in der Form der Durchführung der Messungen bei niedrigen Drehzahlen begründet: Die Einstellung der Motordrehzahl kann nicht auf beliebig kleine Drehzahlwerte erfolgen, da der Motor eine gewisse Mindestdrehzahl benötigt, um das Reibmoment zu überwinden. Der Motor durchläuft somit den unteren Drehzahlbereich mit einer vergleichsweise hohen Beschleunigung. Erst ab ca. $n/n_B \approx 10\%$ erfolgt die Drehzahlsteigerung ausreichend langsam, um das Reibmoment im stationären Zustand zu messen.

In Abbildung 7.11 ist darüber hinaus zu sehen, dass die hohe relative Abweichung im unteren Drehzahlbereich aus einer vergleichsweise kleinen Verschiebung des Drehzahlbereichs entsteht. Dadurch kommt es zu einer mittleren absoluten Abweichung in Kombination mit sehr kleinen Beträgen des Momentes, wodurch die relative Abweichung sehr groß ist.

Die Abweichung bei kleinen Drehzahlen bedeutet somit keine Einschränkung der Funktionsfähigkeit der Reibmomentenberechnung in BEARING3D VX und NEEDLE3D VX .

Beim Vergleich des generischen Maschinenelementes mit Messungen in Abschnitt 6.4 zeigt sich, dass die Modellierung mit Einzelkontakten im quasistationären Belastungszustand keinen Vorteil gegenüber den phänomenologischen Modellen bietet. Der Rechenaufwand ist deutlich höher (siehe Abbildung 7.16), aber die Ergebnisse haben keine höhere Güte. Die Abweichung der Ergebnisse ist gemäß Abbildung 7.12 sogar deutlich höher als für das SKF-Modell.

Ein Vergleich zwischen den Modellen von FAG (siehe Abschnitt 5.1) und SKF (siehe Abschnitt 5.2) findet sich in Abbildung 7.13b. Die Berechnung nach FAG unterscheidet sich im Verlustmoment quantitativ nicht wesentlich von dem nach SKF. Allerdings wird

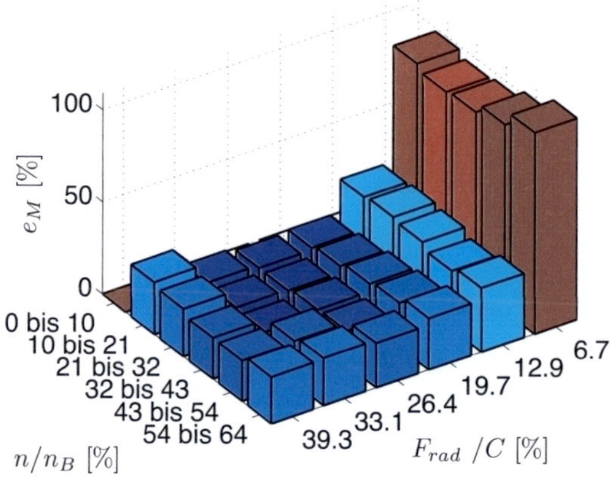

(a) Modellierung mit SKF-Modell

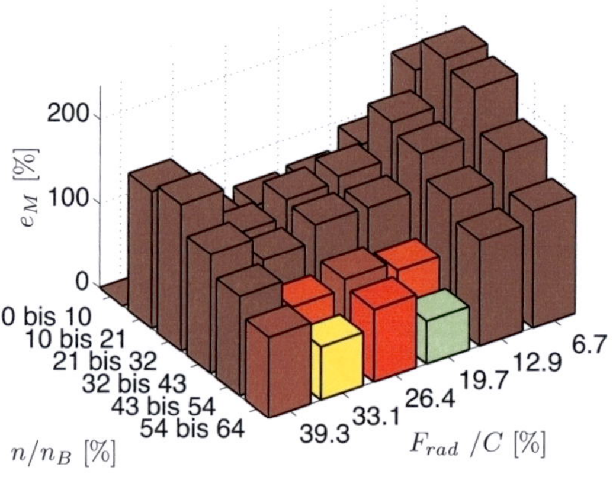

(b) Modellierung mit Einzelkontakten (nur Zylinderrollenlager)

Abbildung 7.12: Abweichung des Reibmoments zwischen Simulationsmodell und Experimenten aller getesteten Lager

der qualitative Verlauf der Reibkennlinie im Modell nach SKF besser wiedergegeben. Für das vollständige Modell nach SKF werden viele Parameter und Beiwerte zur Berechnung der Kräfte benötigt. Diese stehen zum Zeitpunkt der Maschinensimulation in der Konstruktionsphase oft noch nicht zur Verfügung. Daher wurde auch das Modell des Lagerherstellers SKF getestet, das weniger Eingangsparameter berücksichtigt. Es rechnet ohne Berücksichtigung des Schmierfilmdickenfaktors ϕ_{ish}, des Schmierstoffverdrängungsfaktors ϕ_{rs} und der Strömungsverluste durch Ölbadschmierung sowie von Grenzschmierbedingungen. Das reduzierte Modell überschätzt das Reibmoment allerdings deutlich (siehe Abbildung 7.13b) und ist daher nicht geeignet, um die Reibmomente im

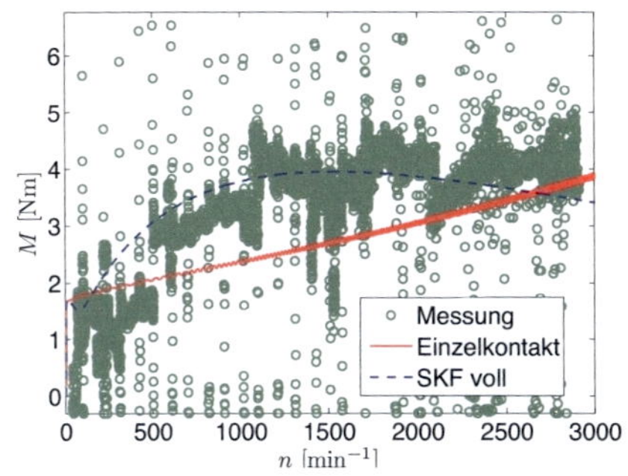

(a) Vergleich zwischen Einzelkontakt und SKF-Modell

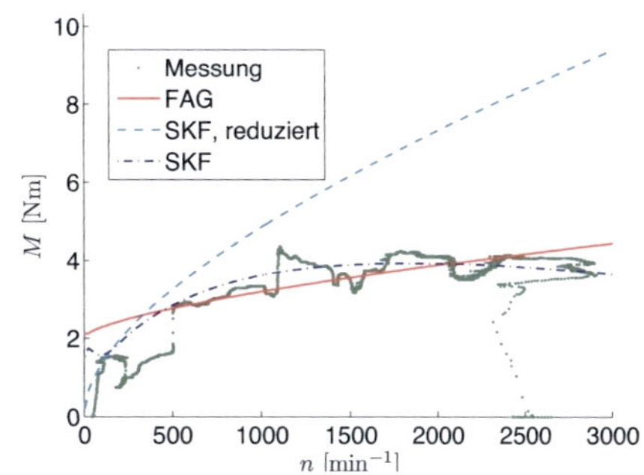

(b) Vergleich zwischen phänomenologischen Modellen nach FAG und SKF

Abbildung 7.13: Reibmomente für ein NU219-Lager mit Ölschmierung bei $F_{rad} = 50$kN

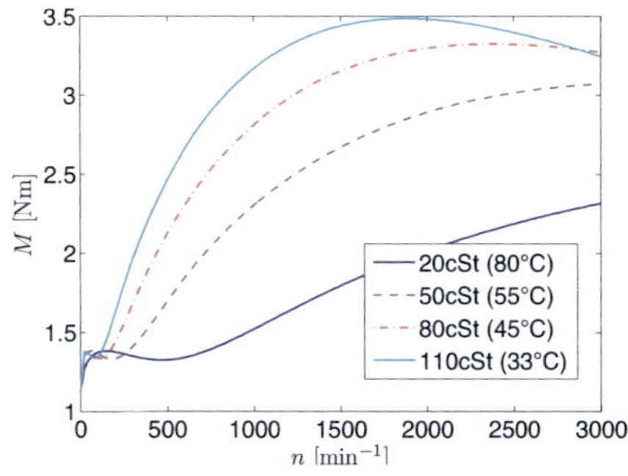

Abbildung 7.14: Abhängigkeit des Reibmoments von der Temperatur des Schmierstoffs Carter EP100

Lager zu berechnen.

Alle Reibwerte sind in hohem Maße von der Schmierung abhängig. In der Regel sind Temperatur, Schmierfilmhöhe und gegebenenfalls die Öldurchflussmenge zum Zeitpunkt der Simulation unbekannt und im eigentlichen Betrieb instationär. Da gemäß Abbildung 7.14 kleine Abweichungen dieser Parameter das Reibmoment um mehr als 50% erhöhen können, kann die Abweichung von $e_M = 30\%$ als sehr gute Übereinstimmung betrachtet werden.

7.2 Rechenzeit

Neben der Güte des physikalischen Modells ist für die Eignung des generischen Maschinenelementes die Rechenzeit von Bedeutung.

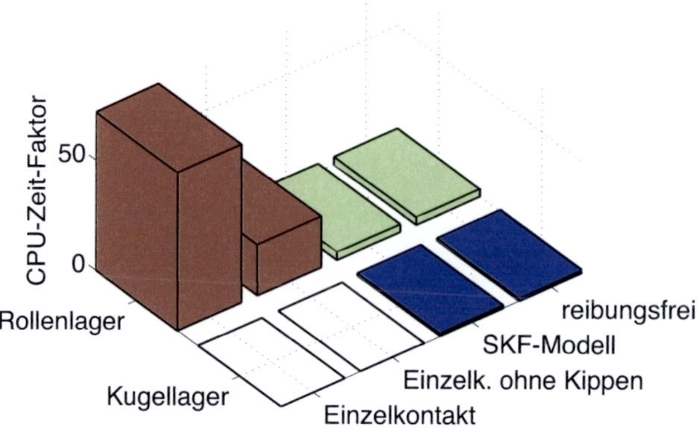

Abbildung 7.15: Mittlere Rechenzeit der Simulationen aus Abschnitt 6.3 für Rillenkugellager und Zylinderrollenlager mit verschiedenen Reibungsberechnungsmethoden bezogen auf reibungsfreie Rechnung des Kugellagers

Zum Vergleich wurde die Rechenzeit für Simulationen aus Abschnitt 6.3 ausgewertet und in Abbildungen 7.15 und 7.16 relativ zur mittleren CPU-Zeit der reibungsfreien Rechnung des Kugellagers dargestellt. Die Rechenzeit des Modells BEARING3D VX ohne Reibung dient als Referenz für eine akzeptable Rechenzeit, da sich dieses Modell in der Praxis bereits bewährt hat. Gemäß Abschnitt 7.1.1 rechnet es deutlich schneller als das Modell mit der ursprünglichen Kinematik BEARING3D in [Oes04].
Abbildung 7.15 gibt einen Gesamtüberblick durch Mittelung der Rechenzeit über alle Simulationen. Abbildung 7.16 betrachtet Zylinderrollen- und Kugellager unabhängig voneinander. Dort wird zwischen den Simulationen für Reibmomenten- und Steifigkeitsmessungen unterschieden.
In Abbildung 7.16a ist zu sehen, dass die Berechnung mit Reibung aus dem SKF-Modell beim Rillenkugellager kaum ($\approx 10\%$) länger dauert, als eine Berechnung ohne Reibung.
Die Berechnung der Zylinderrollenlager benötigt gemäß Abbildung 7.16b aufgrund des Scheibenmodells – und der dadurch erhöhten Anzahl der auszuwertenden Gleichungen – deutlich mehr Zeit (Faktor 3) als die der Rillenkugellager. Berechnungen ohne Reibung und mit Reibung des SKF-Modells unterscheiden sich kaum ($\approx 1\%$). Die Rechenzeit für die Berechnung mit Einzelkontakten ist jedoch sehr viel höher (Faktor 7 bzw. 20) als bei Berechnung mit dem SKF-Modell.

Bei Berechnung der Reibung mit dem SKF-Modell ist das generische Maschinenelement daher geeignet, in Gesamtmaschinenmodellen mit vielen Freiheitsgraden eingesetzt zu werden, da die Rechenzeit sowohl für Kugel- als auch Rollenlager klein ist.

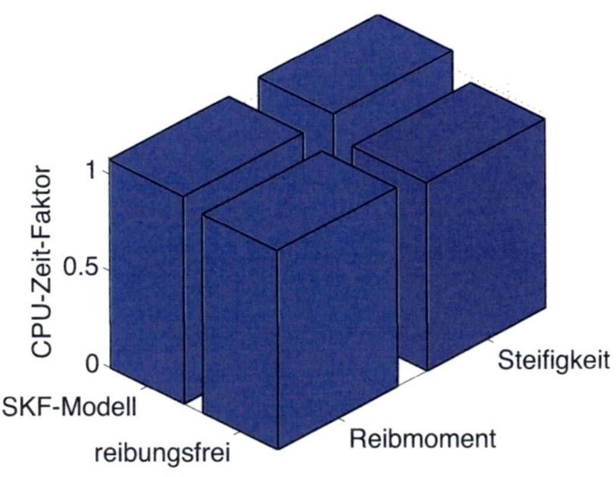

(a) Rillenkugellager

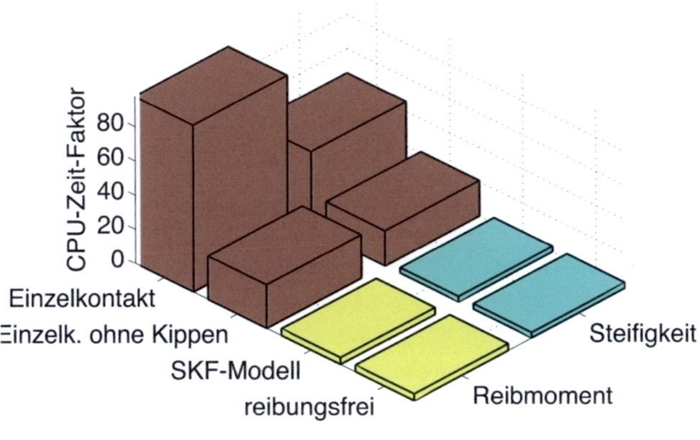

(b) Zylinderrollenlager

Abbildung 7.16: Mittlere Rechenzeit der Simulationen aus Abschnitt 6.3 mit verschiedenenen Reibungsberechnungsmethoden bezogen auf reibungsfreie Rechnung des Kugellagers

7.3 Grenzen des Modells

Neben den in den vorangegangenen Abschnitten dargestellten Abweichungen zwischen Messung und Simulationsmodell besitzt das Wälzlagermodell weitere Einschränkungen. Diese ergeben sich aus seiner Modellierung und wurden im Versuch nicht untersucht. Daher sollen sie in diesem Abschnitt anhand theoretischer Überlegungen erläutert werden.

Die schnelle Berechnung der Wälzlagerkräfte wird ermöglicht durch verschiedene Annahmen zur Vereinfachung des Modells.

Die wichtigste Annahme ist hierbei die, dass sich die Wälzkörper immer in der Mitte zwischen Innen- und Außenringlaufbahn befinden. Für kleine und mittlere Verformungen der Wälzkörper ist diese Annahme zulässig.

Steigt jedoch die Verformung der Wälzkörper stark an, so übertrifft die Steifigkeit des Innenringkontakts die des Außenringkontakts deutlich.[1]

Ein Wälzkörper im Kräftegleichgewicht würde sich daher nicht in der Mitte, sondern näher in Richtung der Außenringlaufbahn befinden. Dadurch wird die Steifigkeit des Lagers überschätzt. Ursache dafür ist, dass die angenommene größere Verschiebung des Wälzkörpers eine höhere Rückstellkraft hervorruft als in der Realität. Bei Berechnung des Kräftegleichgewichts am Wälzkörper wäre diese große Kraft gar nicht zustande gekommen. Die Modelle NEEDLE3D VX und BEARING3D VX sind daher nur für kleine und mittlere Belastungen geeignet.

Hinzu kommt, dass die Steifigkeit eines Wälzlagers in der Realität auch von seiner Umbaukonstruktion abhängt. Ist die Umbaukonstruktion weich im Vergleich zur Steifigkeit des Lagers selbst, gewinnt die globale Verformung des Rings zusätzlich zur im Modell berücksichtigten Kontaktsteifigkeit zwischen Wälzkörper und Ring an Bedeutung. Da im Modell die Ringe als starr angenommen werden, kann bei unzureichender Abstützung des Lagers die Auslenkung der Lagerstelle als zu klein berechnet werden.

Eine ausreichende Abstützung ist aber Voraussetzung, damit die Wälzlager die vom Hersteller vorgesehene Lebensdauer im Betrieb erreichen.

Die Beschränkung des *Hertz*schen Kontaktes auf kleine Kontaktradien schränkt hingegen die Modellannahme weit weniger ein, da die Kontaktflächen im Vergleich zum Radius auch bei hohen Lasten klein bleiben. So ergibt sich z.B. für die Belastung einer Kugel mit einem Durchmesser von 7 mm beim Aufpressen auf eine Platte mit einem Druck von 1000 N eine kreisförmige Fläche mit einem Radius von 0, 28 mm, die verformt wird (siehe [MF07]).

Aufgrund der kinematischen Festlegung der Wälzkörperposition wird das Kräftegleichgewicht am Wälzkörper innerhalb der Routine nicht berechnet. Daher werden Trägheitskräfte der Wälzkörper im Modell nicht berücksichtigt. Bei großen Umfangsgeschwindigkeiten der Wälzlager ist somit die berechnete Belastung der Wälzkörper geringer als die tatsächliche. Diese hohen Umfangsgeschwindigkeiten treten zum einen bei schnelldrehenden Wälzlagern (z.B. in Turboladern) auf. Zum anderen können auch in sehr großen Wälzlagern (beispielsweise für Windenergieanlagen) aufgrund des großen Durchmessers bereits bei niedrigen Drehzahlen diese kritischen Umfangsgeschwindigkeiten erreicht werden.

Bei Lagern, die in rotierenden Bauteilen eingebaut sind (beispielsweise zur Abstützung der Planetenräder in einem Planetengetriebe) können diese Trägheitskräfte größer als die Lagerkraft berechnet aus Steifigkeit und Dämpfung sein. Dies geschieht insbesondere

---

[1] Trotz des konformen Kontaktes am Außenring, ist die Steifigkeit am (kontraformen) Kontakt des Innenrings höher. Ursache hierfür ist, dass die geringe Dicke des Umbaus die Nachgiebigkeit des Außenringes erhöht.

dann, wenn sich das Lager nur langsam dreht, aber sich mit hoher Geschwindigkeit in wechselnde Richtungen bewegt.

Insgesamt ist das generische Maschinenmodell somit zur Simulation im Bereich normaler Drehzahlen und geringer bis mittlerer Lasten der Wälzlager geeignet.

8 Zusammenfassung und Ausblick

Die vorliegende Arbeit beschreibt mechanische Modelle der Wälzlagerbauformen Rillenkugellager und Zylinderrollenlager als generische Maschinenelemente. Diese Formulierung ermöglicht es, Wälzlager als Teil virtueller Prototypen von Gesamtmaschinen zu erstellen und ihre mechanischen Eigenschaften zu simulieren.
Das Simulationsmodell wird in Form einer benutzerdefinierten FORTRAN-Routine für MSC.ADAMS implementiert. Durch die Programmierung der Lagerkräfte als FORTRAN-Routine sind die beiden Modelle BEARING3D VX für Rillenkugellager und NEEDLE3D VX für Nadel- und Zylinderrollenlager weitestgehend unabhängig von der gewählten Simulationsumgebung. Eine Verwendung der Routinen ist daher in sehr vielen kommerziellen Mechanikpaketen möglich, da diese in der Regel das Einbinden benutzerdefinierter FORTRAN-Routinen erlauben.

Zunächst wird die Kinematik der Wälzkörper anhand von vektoriellen Größen beschrieben. Die Bewegung der Wälzkörper wird im Modell durch kinematische Übersetzungen in Abhängigkeit von der Bewegung der beiden Laufringe bestimmt. Für ihre Position in Umfangsrichtung wird ideales Abrollen formuliert. In radialer Richtung ergibt sich die Verschiebung der Wälzkörper mit der Annahme, dass sich jeder Wälzkörper in der Mitte zwischen Innen- und Außenringlaufbahn befindet. Die Geschwindigkeiten der Wälzkörper können aufgrund dieser Vorgabe ebenfalls bestimmt werden.
Mit Hilfe der berechneten Position und Geschwindigkeit lassen sich die Verformung der Wälzkörper und ihre zeitliche Änderung bestimmen. Für Rillenkugellager wird ein Kontaktmodell nach *Hertz* verwendet, um aus der Verformung Rückstellkräfte zu berechnen. Für Zylinderrollenlager werden verschiedene Scheibenmodelle zur Berechnung der Steifigkeit vorgestellt: Einfache Scheibenmodelle, die die Querabhängigkeit der Scheiben vernachlässigen (und somit die Schubsteifigkeit des Wälzkörpers) und Modelle, die diese durch Gleichungssysteme oder Einflussfaktoren berücksichtigen. Das Modell mit den besten Ergebnissen in akzeptabler Rechenzeit ist das Modell nach DIN ISO 281, Beiblatt 4 [DIN03], das somit in NEEDLE3D VX als Standard festgelegt wird.
Anhand der Radiallast können Reibungskräfte berechnet werden. Dazu werden drei Reibmodelle vorgestellt: Das phänomenologische Reibmodell des Herstellers FAG, das des Herstellers SKF sowie eine Formulierung der Reibungskräfte anhand von Kontaktkräften im Einzelkontakt. Das Modell nach SKF bietet dabei die höchste Genauigkeit bei einer geringen Anzahl an zu spezifizierenden Eingangsparametern. Da dieses Modell darüber hinaus eine sehr geringe Rechenzeit benötigt, wird es als Standardreibmodell für BEARING3D VX und NEEDLE3D VX festgelegt.

Das erstellte virtuelle Maschinenelement wird durch Experimente validiert. Dazu werden zunächst Experimente zur Messung der Rückstellkräfte und des Reibmomentes für verschiedene Lagerbaugrößen von Rillenkugellagern und Zylinderrollenlagern an einem Prüfstand durchgeführt. Anschließend wird ein Simulationsmodell dieses Prüfstandes in MSC.ADAMS erstellt und der Versuchsablauf simuliert. Durch Vergleich der Ergebnisse von Experiment und Simulation kann gezeigt werden, dass das implementierte Modell hinreichend mit der Realität übereinstimmt.

Sowohl für Zylinderrollen- als auch für Rillenkugellager ist es mit diesem Vorgehen gelungen, die räumliche nichtlineare Lagersteifigkeit unter Berücksichtigung des Lagerspiels anwendungsorientiert abzubilden. Darüber hinaus können die Belastungen der Wälzkörper sowie die Verluste aus Schmierstoffdämpfung, Roll- und Gleitreibung berechnet werden. Durch die Implementierung des dynamischen Verhaltens des Wälzlagers in einer FORTRAN-Subroutine kann im Vergleich zu Modellen mit Wälzkörpern und Ringen aus einer FEM-Rechnung die Zahl der zu berechnenden Freiheitsgrade – und somit die benötigte Rechenzeit – wesentlich reduziert werden.

Das Ziel eines numerisch effizienten Wälzlagermodells zur integrierten Simulation von Reibungs- und Rückstellkräften in Maschinen wurde somit sowohl für Punkt- als auch für Linienkontakte erreicht. Dynamische Untersuchungen komplexer Gesamtmaschinenmodelle sind dadurch auch bei Maschinen mit einer großen Anzahl von Wälzlagern in akzeptabler Rechenzeit möglich. Zugleich sinkt der Modellierungsaufwand für Anwender, da diese das generische Maschinenelement lediglich mit Daten aus den Lagerkatalogen der Hersteller bestücken müssen. Dieses Vorgehen ermöglicht es darüber hinaus Ingenieuren ohne spezifisches Expertenwissen über Wälzlager, Reaktionskräfte in Lagerstellen zu bestimmen.
Im Vergleich zu bisherigen Modellen, wird somit die Benutzerfreundlichkeit für den Anwender erhöht und das Spektrum an Anwendungmöglichkeiten erweitert.

In weiteren Arbeiten kann der Gültigkeitsbereich des Modells erweitert werden:
Der Auslenkungs- und Belastungsbereich ist in BEARING3D VX und NEEDLE3D VX auf kleine und mittlere Lasten beschränkt. Ursache hierfür ist, dass im Modell die Position der Wälzkörper auf die Mitte zwischen den Laufbahnen festgelegt ist. Es wäre möglich, die Position der Wälzkörper an die unterschiedlichen Rückstellkräfte an Außen- und Innenring anzupassen. Dazu könnte in einem Preprocessing-Schritt die Position des jeweiligen statischen Gleichgewichts berechnet und in ein Kennfeld oder einer Polynomnäherung abgelegt werden. Somit könnten auch große Auslenkungen und Belastungen der Lager berechnet werden.
Eine weitere Grenze ist das Fehlen von Massenkräften auf die Wälzkörper. Dies beschränkt bisher den Einsatz des Modells auf niedrige und mittlere Drehzahlen. Mit der gleichen Methodik wie für die Steifigkeit könnte der Einfluss der Umfangsgeschwindigkeit auf das Lager in die Lagerkraftberechnung eingebunden werden, indem das Kennfeld bzw. die Polynomnäherung auf eine zweite Dimension erweitert wird.
Darüber hinaus wäre es so möglich, die Wirkung von Trägheitsreaktionen aufgrund hoher Translationsgeschwindigkeiten des gesamten Lagers (beispielsweise in Planetenradgetrieben) zu berücksichtigen, die bisher nicht in die Lagerkraftberechnung eingeht.

Neben der Erweiterung des Gültigkeitsbereichs des physikalischen Modells lässt sich an die Routine eine durchgängige Berechnung der zu erwartenden Lebensdauer der Wälzlager nach DIN ISO 281, Beiblatt 4 [DIN03] anschließen. Mit Hilfe realistischer Betriebsszenarien kann so die nominelle Lebensdauer des Bauelements durch Simulation realer Lastkollektive mit geringem Aufwand abgeschätzt werden.

Anhang

A Datenblätter der Fette

MULTIS EPL 2A

Teilsynthetisches Lithium-EP-Fett.

ANWENDUNGEN

Hochbelastbares, teilsynthetisches Li-EP-Fett

- **MULTIS EPL 2A** ist ein wasserbeständiges, lithiumverseiftes Schmierfett, das zur Schmierung von hochbelasteten Gleit-, Wälz- und Radlagern, Gelenken aller Art, Fahrgestellen, und stoßbelasteten oder vibrierenden Lagerstellen, wie z.B. in Transport, Bau, Industrie, Land- und Forstwirtschaft.
- **MULTIS EPL 2A** ist überall dort einsetzbar, wo ein Mehrzweck-EP-Schmierfett mit einer Konsistenzklasse 2 erforderlich ist.

Empfehlung

- Bei der Nachschmierung stets eine Kontaminierung mit Staub und Schmutz zu vermeiden.

SPEZIFIKATIONEN

Internationale Spezifikationen

- ISO 6743-9: L-XCCEB 2
- DIN 51 825: KP2K-30

VORTEILE

Vereinfachte Lagerhaltung

- Aufgrund seines Mehrzweck-Charakters, kann **MULTIS EPL 2A** einen Großteil anderer, konventioneller Spezialfette ersetzen, was eine erhebliche Lagerbestands-Reduzierung und eine Vereinfachung von Instandhaltung und Wartung erlaubt..

Mischbarkeit

- **MULTIS EPL 2A** ist mischbar mit den meisten anderen konventionellen Seifenfetten.

Mechanische Stabilität

- Exzellente mechanische Stabilität: gewährleistet einen guten Schutz vor Konsistenzverlust während des Betriebs.

Temperaturbeständigkeit

- Sehr gutes Haftvermögen auf metallischen Oberflächen.
- Gute Temperaturbeständigkeit: gewährleistet einen guten Schutz bei wechselnden Temperaturen.

Keine schädlichen Substanzen

- **MULTIS EPL 2A** enthält kein Blei oder andere gesundheitsgefährdende Schwermetalle.

TYPISCHE KENNWERTE	METHODE	EINHEIT	MULTIS EPL 2A
Seife / Verdicker		-	Lithium-12-hydroxistearat
NLGI-Grad	ASTM D 217/DIN 51818	-	2
Farbe	visuell	-	gelb
Erscheinung	visuell	-	glatt, weich
Gebrauchstemperaturbereich		°C	-30 bis 130
Penetration bei 25°C	ASTM D 217/DIN 51804-1	0.1 mm	265-295
TIMKEN, OK Last	ASTM D 2509	lbs	65
VKA-Schweißkraft	DIN 51530	N	3200
SKF-EMCOR-Test	DIN 51802/ISO 11007	rating	0-0
Tropfpunkt	DIN ISO 2176	°C	192
Viskosität (Grundöle) bei 40°C	ASTM D 445/ISO 3104	mm^2/s (cSt)	195

Die angegebenen Werte können im handelsüblichen Rahmen schwanken.

Stand: Oktober 2005

TOTAL Deutschland GmbH
Vertriebsdirektion Schmierstoffe
Kirchfeldstr. 61 • 40217 Düsseldorf
Telefon 0211 / 90 57 0 • Fax 0211 / 90 57 300

EN ISO 9001

MULTIS

Mehrzweck Lithium/Calcium-Schmierfette

ANWENDUNGEN

Mehrzweck-Schmierfett

- **MULTIS** sind Mehrzweck-Schmierfette, die zur Schmierung von normalbelasteten Lagerstellen aller Art, wie z.B. in Transport, Land- und Forstwirtschaft und "off road"- Fahrzeugen bzw. Anlagen in feuchten, staubigen und/oder trockenen Bereichen geeignet sind.
- Auch geeignet zur Schmierung aller Arten von Wälzlagern und Gelenken unter normalen Temperaturen und Bedingungen.
- Darüberhinaus besonders hervorragend einsetzbar in PKW`s, leichten LKW`s und anderen Fahrzeugaustattungen.

Empfehlung:

- Bei der Nachschmierung stets eine Kontamination mit Staub oder Schmutz vermeiden.

SPEZIFIKATIONEN

Internationale Spezifikationen

- ISO 6743-9: L-XBCEA 2, 3
- DIN 51 825: K2K-25, K3K-20

EIGENSCHAFTEN

Mischbar
Pumpbarkeit

- **MULTIS** ist mischbar mit den meisten anderen Fetten auf Basis konventineller Seifen.
- Exzellente mechanische Stabilität gewährleistet einen guten Schutz vor dem Auslaufen und Verlust der Konsistenz während des Betriebes.
- Ausgezeichnete Pumpbarkeit wird durch gutes Kälteverhalten sowie der homogenen und glatten Struktur gewährleistet.
- Die sehr gute Wasserbeständigkeit garantiert auch in feuchter Umgebung einen wirksamen Schmierfilm.
- **MULTIS** enthält keine Blei- oder andere gesundheitsgefährdende Schwermetalle.

TYPISCHE KENNWERTE	METHODE	EINHEIT	MULTIS 2	MULTIS 3
NLGI-Grad	DIN 51 818	-	2	3
Seife/Verdicker		-	Lithium/Calcium	
Farbe	visuell	-	glasig-gelb	
Textur	visuell	-	glatt	
Gebrauchstemperaturbereich		°C	-25 bis 120	-20 bis 120
Penetration bei 25°C	DIN51 818	0.1 mm	265-295	220-250
SKF- EMCOR-Test	ISO 11007	Rating	0-0	0-0
Tropfpunkt	ISO 2176	°C	>185	>185
Viskosität (Grundöl) bei 40°C	ISO 3104	mm²/s	120	120

Die angegebenen Werte können im handelsüblichen Rahmen schwanken.

Juli 2003

TOTAL Deutschland GmbH
Vertriebsdirektion Schmierstoffe
Kirchfeldstr. 61 • 40217 Düsseldorf
Telefon 0211 / 90 57 0 • Fax 0211 / 90 57 300

EN ISO 9001

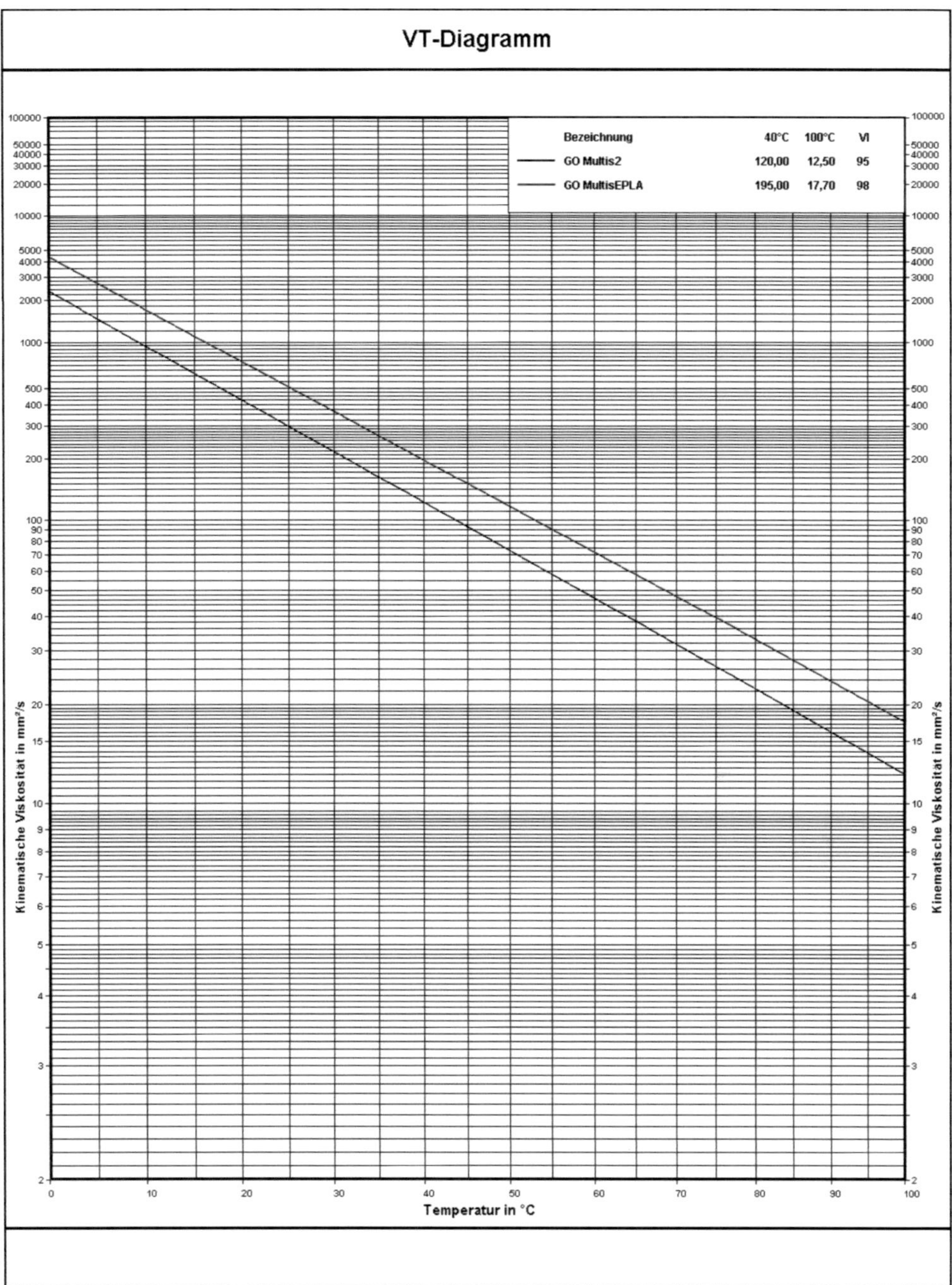

VT-Diagramm
Bezeichnung   40°C   100°C   VI
GO Multis2   120,00   12,50   95
GO MultisEPLA   195,00   17,70   98
Kinematische Viskosität in mm²/s
Temperatur in °C

B Datenblätter des Schmieröls

CARTER EP

Schmieröl für geschlossene Getriebe

ANWENDUNGEN

GESCHLOSSENE GETRIEBE,
WÄLZLAGER, KUPPLUNGEN

- **TOTAL CARTER EP** ist ein Getriebeöl für den Einsatz in geschlossenen Industriegetrieben die unter erschwerten Bedingungen betrieben werden.
- schräg- und geradverzahnte Getriebe.
- Wälzlager und Getriebe-Kupplungen.

SPEZIFIKATIONEN

INTERNATIONALE SPEZIFIKATIONEN

HERSTELLER-SPEZIFIKATIONEN

- DIN 51517 / 3 -> CLP
- ISO 12925-1 ->CKD
- CINCINNATI MILACRON
- DAVID BROWN
- FLENDER

EIGENSCHAFTEN

- Exzellentes EP- und Verschleißschutzverhalten.
- Gute Korrosionsschutz-Eigenschaften
- Gute Temperaturbeständigkeit.
- Gute Verträglichkeit mit Dichtungen.

KENNWERTE

	METHODE	EINHEIT	CARTER EP							
			68	100	150	220	320	460	680	1000
Dichte bei 15 °C	ISO 3675	kg/m³	885	888	892	893	899	903	920	937
Viskosität bei 40 °C	ISO 3104	mm²/s	68,1	107	153,4	216,9	319,1	452,2	665,6	1000
Viskosität bei 100 °C	ISO 3104	mm²/s	8.7	11,8	14,8	18,5	23,7	29,9	34,5	43,5
Viskositätsindex	ISO 2909		99	98	96	95	93	95	82	80
Flammpunkt	ISO 2592	°C	230	233	227	270	264	256	258	244
Pourpoint	ISO 3016	°C	-24	-21	-27	-21	-15	-12	-12	-9
FZG-Test	DIN 51354/2	Stufe	> 12	> 12	> 12	> 12	> 12	> 12	> 12	> 12
FZG Micropitting	FVA 54	Stufe	-	-	-	10+	10+	10+	10+	10+
GFT Klasse	-	Stufe	-	-	-	hoch	hoch	hoch	hoch	hoch

Die angegebenen Werte können im handelsüblichen Rahmen schwanken.

TOTAL Deutschland GmbH
Vertriebsdirektion Schmierstoffe
Kirchfeldstr. 61 • 40217 Düsseldorf
Telefon 0211 / 90 57 0 • Fax 0211 / 90 57 300

CARTER EP
Oktober 2007

EN ISO 9001

Viskositäts-Temperatur-Diagramm
- einiger TOTAL-Getriebeöle CARTER EP im Vergleich

x-Achse: Temperatur in °C
y-Achse: Viskosität in mm²/s

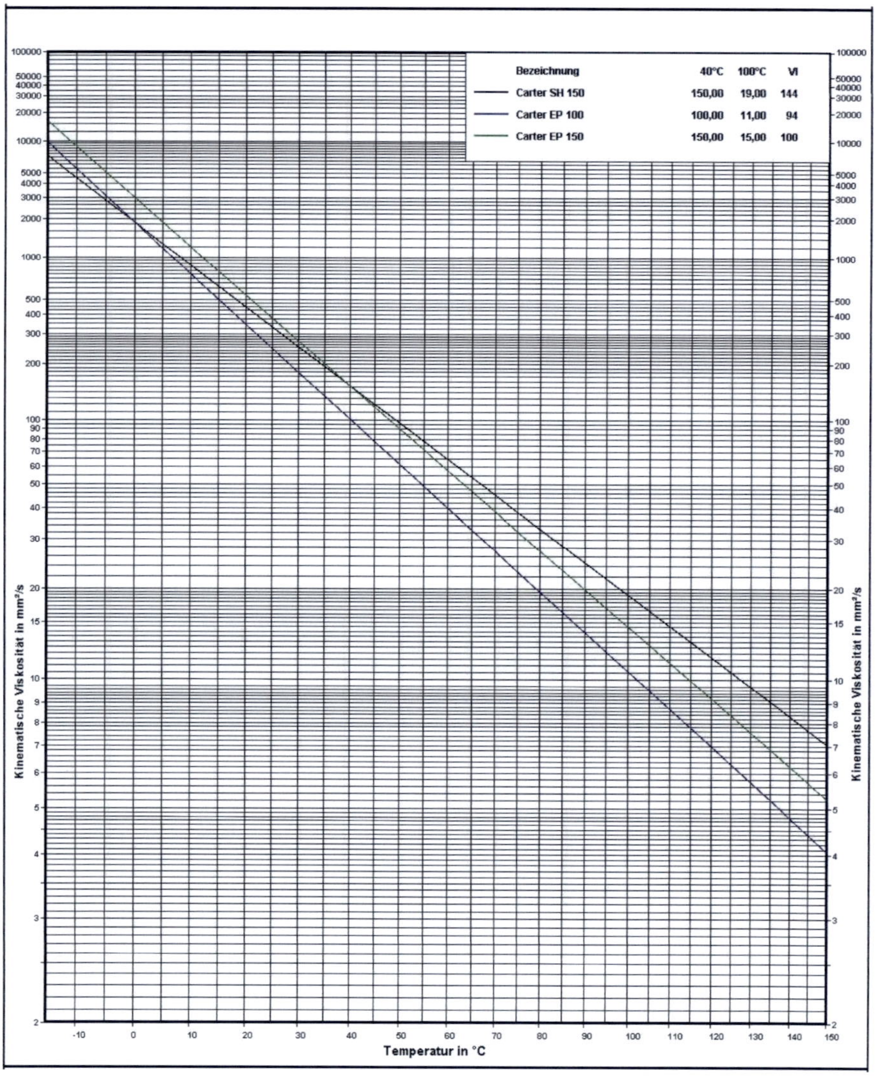

Literaturverzeichnis

[AB75]   ARCHARD, J. F. ; BAGLIN, K.P.: Nondimensional Presentation of Frictional Tractions in Elastohydrodynamic Lubrication - Part I: Fully Flooded Conditions. In: *Journal of lubrication technology* 97 (1975), S. 398–411

[Aki03]   AKIN, Ed: *Object-Oriented Programming via Fortran 90/95*. Cambridge University Press, 2003. – ISBN 0–521–52408–3

[AKM83]   AHMADI, N. ; KEER, L.M. ; MURA, T.: Non-Hertzian contact stress analysis for an elastic half space - normal and sliding contact. In: *International Journal of Solids and Structures* 19 (1983), Nr. 4, S. 357–373

[Arb95a] ARBEITSAUSSCHUSS WÄLZLAGER (AWL) IM DIN E. V.: *DIN Taschenbuch Wälzlager*. Bd. 1: Grundnormen. 7. Aufl. Beuth, 1995. – ISBN 3–410–13158–2

[Arb95b] ARBEITSAUSSCHUSS WÄLZLAGER (AWL) IM DIN E. V.: *DIN Taschenbuch Wälzlager*. Bd. 2: Produktnormen. 1. Auflage. Beuth, 1995. – ISBN 3–410–13237–6

[Bal05]   BALY, Hatem: *Reibung fettgeschmierter Wälzlager*, Institut für Maschinenelemente, Konstruktionstechnik und Tribologie (IMKT), Universität Hannover, Diss., 2005

[Bar85]   BARTZ, Wilfried J. (Hrsg.): *Wälzlagertechnik*. expert Verlag, 1985. – ISBN 3–88508–917–3

[Bar97]   BARTELS, Thorsten: *Instationäres Gleitwälzkontaktmodell zur Simulation der Reibung und Kinematik von Rollenlagern*, Lehrstuhl für Maschinenelemente, Getriebe und Kraftfahrzeuge, Ruhr-Universität Bochum, Diss., 1997

[Bet06]   BETTS, Jonathan: *Time restored: the Harrison timekeepers and R. T. Gould, the man who knew (almost) everything*. Oxford Univ. Press, 2006. – ISBN 0–19–856802–9

[BF09a]   BASLER, Alexander ; FRITZ, Felix: *Modellierung schnelllaufender Kugellager in MSC/ADAMS*, Institut für Technische Mechanik, Karlsruher Institut für Technologie, Studienarbeit, 2009

[BF09b]   BÜCHELER, David ; FRITZ, Felix: *Vergleich von Simulations- und Messdaten eines Wälzlagerprüfstandes*, Institut für Technische Mechanik, Karlsruher Institut für Technologie, Studienarbeit, 2009

[BG01] BEITZ, Wolfgang ; GROTE, Karl-Heinrich: *Dubbel Taschenbuch für den Maschinenbau*. 20. Auflage. Springer Verlag, 2001

[BGA94] BRAINERD, Walter S. ; GOLDBERG, Charles H. ; ADAMS, Jeanne C.: *Fortran 90*. Oldenbourg Verlag GmbH, 1994. – Deutsche Übersetzung

[Blu87] BLUME, Jochen: *Druck- und Temperatureinfluß auf Viskosität und Kompressibilität von flüssigen Schmierstoffen*, Institut für Maschinenelemente und Maschinengestaltung, Technische Hochschule Aachen, Diss., 1987

[Brä98] BRÄNDLEIN, Johannes (Hrsg.): *Die Wälzlagerpraxis : Handbuch für die Berechnung und Gestaltung von Lagerungen*. 3. Aufl., korr. Nachdr. / neu bearb. von J. Brändlein. Vereinigte Fachverlage, 1998. – ISBN 3–7830–0290–7

[Bre94] BREUER, Michael: *Theoretische und experimentelle Bestimmung der Wälzlagersteifigkeit*, Institut für Maschinenelemente, Konstruktionstechnik und Sicherheitstechnik (IMKS), Universität Hannover, Diss., 1994

[BS89] BERG, Mario ; SEILER, Andreas: *Aufbau und Inbetriebnahme eines Reibmomentenmessstandes für Radialzylinderrollenlager*, Institut für Maschinenkonstruktionslehre, Universität Karlsruhe, Studienarbeit, 1989

[Can07] CANN, P.M.: Grease Lubrication of Rolling Element Bearings - Role of the Grease Thickener. In: *Lubrication Science* 19 (2007), Nr. 3, S. 183–196

[Con63] CONTI, Giovanni: *Die Wälzlager*. Bd. 1. Carl Hanser Verlag, 1963

[Cor06] CORRENS, M.: DIN ISO 281 Beiblatt 4 Lebensdauerberechnung unter Berücksichtigung realer Lastverteilungen und Kontaktspannungen. In: *VDI-Berichte* 1942 (2006), S. 23–32

[Cou85] COULOMB, C.A.: Theorie des machines simples, en ayant egard au frottement de leurs parties et a la roideur des cordages. In: *Memoires de Mathematique et de Physique presentees a l'Academie Royale des Sciences, Paris* Band 10 (1785), S. S.161 ff

[CS71] CONRY, T.F. ; SEIREG, A.: A Mathematical Programming Method for Design of Elastic Bodies in Contact. In: *Journal of Applied Mechanics* (1971), June, S. 387–392

[CVM+03] COURONNÉ, I. ; VERGNE, P. ; MAZUYER, D. ; TRUONG-DINH, N. ; GIRODIN, D.: Effects of Grease Composition and Structure on Film Thickness in Rolling Contact. In: *Tribology Transactions of the ASME* 46 (2003), Nr. 1, S. 31–36

[Dah94] DAHLKE, Hans: *Handbuch Wälzlagertechnik*. überarb. Neuausg. Vieweg, 1994. – ISBN 3–528–06572–9

[Deg09] DEGTIAREV, Andrei: BEARINX® - SIMPACK: Simulation processes are under control. In: *SIMPEP, FVA Kongress zur Simulation im Produktentstehungsprozess* Schaeffler KG, 2009

[DH77] DOWSON, Duncan ; HIGGINSON, Gordon R.: *Elasto-Hydrodynamic Lubrication: The Fundamentals of Roller Gear Lubrication.* SI 3. Auflage. Pergamon Press, 1977. – ISBN 0–08–021302–2, 0–08–021303–0

[DH05] DRESIG, Hans ; HOLZWEISSIG, Franz: *Maschinendynamik.* 6. Auflage. Springer, 2005. – ISBN 3–540–22546–3

[Die97] DIETL, Paul: *Damping and Stiffness Characteristics of Rolling Element Bearings; Theory and Experiment,* Institut für Maschinendynamik und Meßtechnik, Technische Universität Wien, Diss., Juni 1997

[DIN03] *DIN ISO 281: Wälzlager, Beiblatt 4: Dynamische Tragzahlen und nominelle Lebensdauer.* 2003

[Din07] *DIN ISO 281: Wälzlager - Dynamische Tragzahlen und nominelle Lebensdauer.* 2007

[Dow68] DOWSON, Duncan: Elastohydrodynamics. In: *Proceedings of the Institution of Mechanical Engineers* 182 (1968), Nr. 3A, S. 151–167

[Dre01] DRESIG, Hans: *Schwingungen mechanischer Antriebssysteme.* Springer Verlag, 2001. – ISBN 3–540–22546–3

[DW65] DOWSON, D. ; WHITAKER, A.V.: The isothermal lubrication of Cylinders. In: *ASLE transactions: a publicacion of the American Society of Lubrication Engineers* 8 (1965), S. 24–235

[Ehr04] EHRICH, Fredric F. (Hrsg.): *Handbook of rotordynamics.* Krieger Publishing, 2004. – ISBN 1–575–24256–7

[Esc64] ESCHMANN, Paul: *Das Leistungsvermögen der Wälzlager.* Springer, Berlin, 1964

[Esp06] ESPEJEL, Guillermo M.: Laufwiderstand in Wälzlagern; ein weiterentwickeltes Berechnungsverfahren. In: *SKF Evolution Online* 2/06 (2006). `http://evolution.skf.com`

[FAG06] FAG: *FAG Wälzlager Hauptkatalog.* Schaeffler-Gruppe, 2006

[FAG07] FAG: Kegelrollenlager T7FC - Mehr Wirtschaftlichkeit und Betriebssicherheit durch X-life / Schaeffler KG. 2007. – Forschungsbericht. – Kundeninformation

[FBS10] FRITZ, Felix ; BÜCHELER, David ; SEEMANN, Wolfgang: Validierung eines Simulationsmodells für Wälzlager durch Abgleich von Simulations- mit Messdaten. In: *PAMM* 10 (2010), S. 239–240

[FH41] FÖPPL, L. ; HUBER, K.: Der Gültigkeitsbereich der Elastizitätstheorie. In: *Forschung auf dem Gebiete des Ingenieurswesens* 12 (1941), Nr. 6, S. 261–265

[Fri08a] FRITZ, Felix ; INSTITUT FÜR TECHNISCHE MECHANIK, KARLSRUHER INSTITUT FÜR TECHNOLOGIE (Hrsg.): *Benutzerdokumentation Bearing3D-VX*. Institut für Technische Mechanik, Karlsruher Institut für Technologie, 2008

[Fri08b] FRITZ, Felix ; INSTITUT FÜR TECHNISCHE MECHANIK, KARLSRUHER INSTITUT FÜR TECHNOLOGIE (Hrsg.): *Benutzerdokumentation Needle3D-VX*. Institut für Technische Mechanik, Karlsruher Institut für Technologie, 2008

[FSH09] FRITZ, Felix ; SEEMANN, Wolfgang ; HINTERKAUSEN, Markus: Modellierung von Rollenlagern als Element einer Mehrkörperdynamiksimulation. In: *SIRM 2009 - 8. Internationale Tagung Schwingungen in Rotierenden Maschinen*, 2009, S. 1–11, Paper ID 7

[Ges84] GESELLSCHAFT FÜR TRIBOLOGIE: Wälzlagerschmierung: Arbeitsblatt 2.4.1. 1984. – Forschungsbericht

[Güm16] GÜMBEL, L.: Über geschmierte Arbeitsräder. In: *Zeitschrift für das gesamte Turbinenwesen* 13, Hefte 20-26 (1916)

[GM81] GREKKOUSSIS, R. ; MICHAILIDIS, Th.: Näherungsgleichungen zur Nach- und Entwurfsrechnung der Punktberührung nach Hertz. In: *Konstruktion* 33 (1981), Nr. 4, S. 135–139

[GNP02] GASCH, Robert ; NORDMANN, Rainer ; PFÜTZNER, Herbert: *Rotordynamik*. 2., vollst. neubearb. und erw. Aufl. Springer, 2002. – ISBN 3–540–41240–9

[GP85] GENTLE, C.R. ; PASDARI, M.: Measurement of Cage Pocket Friction in a Ball Bearing for Use in a Simulation Program. In: *ASLE transactions: a publicacion of the American Society of Lubrication Engineers* 28 (1985), S. 536–541

[Gup84] GUPTA, Pradeep K.: *Advanced Dynamics of Rolling Elements*. Springer Verlag, 1984

[Hah05] HAHN, Kersten: *Dynamik-Simulation von Wälzlagerkäfigen*, Lehrstuhl für Maschinenelemente und Getriebetechnik, Technische Universität Kaiserslautern, Diss., 2005

[Ham71] HAMPP, Wilhelm: *Wälzlagerungen : Berechnung und Gestaltung*. Berichtigter Neudruck. Springer, 1971 (Konstruktionsbücher 23). – ISBN 3–540–04214–80–387–04214–8

[Han91] HANSBERG, Gerhard: *Freßtragfähigkeit vollrolliger Planetenrad-Wälzlager*, Institut für Konstruktionstechnik, Ruhr-Universität Bochum, Diss., 1991

[HB83] HAMROCK, B.J. ; BREWE, D.: Simplified Solution for Stresses and Deformations. In: *Journal of Lubrication Technology* 105 (1983), April, S. 171–177

[HD76] HAMROCK, B.J. ; DOWSON, Duncan: Isothermal elastohydrodynamic lubrication of pointcontacts Part I - Theoretical Formulation. In: *Journal of Lubrication Technology* 98F (1976), S. 223–228

[HD77] HAMROCK, B.J. ; DOWSON, Duncan: Isothermal elastohydrodynamic lubrication of pointcontacts Part III - Fullyflooded results. In: *Journal of Lubrication Technology* 99F (1977), S. 261–275

[HD81] HAMROCK, Bernard J. ; DOWSON, Duncan: *Ball bearing lubrication: the elastohydrodynamics of elliptical contacts*. John Wiley & Sons, 1981. – ISBN 0–471–03553–X

[Her82] HERTZ, Heinrich: Über die Berührung fester elastischer Körper und über die Härte. In: *Verhandlungen des Vereins zur Beförderung des Gewerbefleißes*, 1882, S. 449–463

[Her68] HERREBRUGH, K.: Solving the incompressible and isothermal problem in elastohydrodynamic lubrication through an integral equation. In: *Transactions of the American Society of Mechanical Engineering (ASME), Journal of Lubrication Technology* 90 (1968), Nr. 1, S. 262–270

[HK07a] HARRIS, Tedric A. ; KOTZALAS, Michael N.: *Advanced concepts of bearing technology*. 5. ed. Taylor & Francis, 2007. – ISBN 978–0–8493–7182–0

[HK07b] HARRIS, Tedric A. ; KOTZALAS, Michael N.: *Essential concepts of bearing technology*. 5. ed. Taylor & Francis, 2007. – ISBN 978–0–8493–7183–7

[HM80] HIRST, W. ; MOORE, A. J.: The Effect of Temperature on Traction in Elastohydrodynamic Lubrication. In: *Philosophical Transactions of the Royal Society of London. Series A, Mathematical and Physical Sciences* 298 (1980), Nr. 1438, S. 183–208

[HM95] HÖHN, Bernd-Robert ; MANN, Ulrich: *Messung von Schmierfilmdicken im EHD-Kontakt*. DGMK, 1995

[Hol78] HOLLAND, J.: Die instationäre Elastohydrodynamik. In: *Journal of Tribology* (1978), S. 363–369

[Hou97] HOUPERT, Luc: A Uniform Analytical Approach for Ball and Roller Bearings Calculations. In: *ASME Journal of Tribology* 119 (1997), S. 851–858

[Hou01a] HOUPERT, Luc: An Engineering Approach to Hertzian Contact Elasticity - Part I. In: *ASME Journal of Tribology* 123 (2001), S. 582–588

[Hou01b] HOUPERT, Luc: An Engineering Approach to Hertzian Contact Elasticity - Part II. In: *ASME Journal of Tribology* 123 (2001), S. 589–594

[INA07] INA: Zylinderrollenlager - Hohe axiale Belastbarkeit durch optimierten Bordkontakt / Schaeffler KG. 2007. – Forschungsbericht. – Kundeninformation

[INA10] INA, FAG: *Medias Professional Produktkatalog.* Onlinekatalog. `http://` `medias.ina.de`. Version: 2010

[Joh70] JOHNSON, K.L.: Regimes of elastohydrodynamic lubrication. In: *The journal of mechanical engineering science* 12 (1970), S. 9–16

[Joh03] JOHNSON, Kenneth L.: *Contact mechanics.* 9th print. Cambridge University Press, 2003. – ISBN 0–521–34796–3

[Kal90] KALKER, Joost J.: *Three-dimensional elastic bodies in rolling contact.* Kluwer Acad. Publ., 1990. – ISBN 0–7923–0712–7

[KBN+86] KORENN, Heinrich ; BRÄNDLEIN, Johannes ; NEESE, Gerhard ; PÖSL, Wolf ; SCHLICHT, Hans ; VÖLKENING, Wilhelm: *Wälzlager auf den Wegen des technischen Fortschritts : mit 16 Tab.* 2. Aufl. Oldenbourg, 1986. – ISBN 3–486–20134–4

[KL05] KANE, Thomas R. ; LEVINSON, David A. ; ONLINE DYNAMICS, INC. (Hrsg.): *AutoLEV4 User's Manual.* 2. 1605 Honfleur Drive Sunnyvale, CA 94087 USA: OnLine Dynamics, Inc., 2005

[Klu80] KLUMPERS, Klaus J.: *Theoretische und experimentelle Bestimmung der Dämpfung spielfreier Radialwälzlager.* VDI-Verlag, 1980 (Fortschrittberichte der VDI-Zeitschriften : Reihe 1, Konstruieren, Konstruktionstechnik 74). – ISBN 3–18–147401–0

[KP80] KRAUSE, Hans ; POLL, Gerhard: *Mechanik der Festkörperreibung.* VDI-Verl., 1980. – ISBN 3–18–400469–4

[Kun61] KUNERT, K.: Spannungsverteilung im Halbraum bei elliptischer Flächenpressungsverteilung über einer rechteckigen Druckfläche. In: *Forschung auf dem Gebiete des Ingenieurswesens* 27 (1961), Nr. 6, S. 165–174

[Kun64] KUNERT, Karl-Heinz: Die Reibung von Schrägkugellagern in Abhängigkeit vom Lastwinkel. In: *Industrie-Anzeiger* 86 (1964), Nr. 25, S. 429–433

[LF10] LEI, Boxia ; FRITZ, Felix: *Lagerung schnelllaufender Rotoren mit Wälzlagern,* Institut für Technische Mechanik, Karlsruher Institut für Technologie, Studienarbeit, 2010

[LS90a] LIM, T. C. ; SINGH, R.: Vibration transmission through rolling element bearings, part I: bearing stiffness formulation. In: *Journal of Sound and Vibration* 139 (1990), Nr. 2, S. 179–199

[LS90b] LIM, T. C. ; SINGH, R.: Vibration transmission through rolling element bearings, Part II: System Studies. In: *Journal of Sound and Vibration* 139 (1990), Nr. 2, S. 201–225

[LS91] LIM, T. C. ; SINGH, R.: Vibration transmission through rolling element bearings, Part III: Geared rotor system studies. In: *Journal of Sound and Vibration* 151 (1991), Nr. 1, S. 31–54

[LS92] LIM, T. C. ; SINGH, R.: Vibration transmission through rolling element bearings, Part IV: Statistical energy analysis. In: *Journal of Sound and Vibration* 153 (1992), Nr. 1, S. 37–50

[LS94] LIM, T. C. ; SINGH, R.: Vibration transmission through rolling element bearings, Part V: Effect of distributed contact load on roller bearing stiffness matrix (Letters to the Editor). In: *Journal of Sound and Vibration* 169 (1994), Nr. 4, S. 547–553

[Lub87] LUBRECHT, Antonius A.: *The Numerical Solution of the elastohydrodynamically lubricated line- and point contact problem using multigrid methods*, Technische Hochschule Enschede, Diss., 1987

[Lun39] LUNDBERG, G.: Elastische Berührung zweier Halbräume. In: *Forschung auf dem Gebiete des Ingenieurswesens* Band 10 Nr. 5 (1939), S. 201–211

[Lur63] LURJE, A.I.: *Räumliche Probleme der Elastizitätstheorie.* Akademie Verlag, 1963

[Mar16] MARTIN, H. M.: Lubrication of gear teeth. In: *Engineering* 102 (1916), S. 119–121

[Mes09] MESSTECHNIK, Mikro-Epsilon: *Wirbelstromsensoren.* `http://glossar.micro-epsilon.de/`. Version: Juli 2009

[MF07] MERKEL, Philipp ; FRITZ, Felix: *Berechnung von Wälzlagerkontakten mit Finite-Elemente-Methoden*, Institut für Technische Mechanik, Universität Karlsruhe, Studienarbeit, September 2007

[MWJV05] MUHS, Dieter ; WITTEL, Herbert ; JANNASCH, Dieter ; VOSSIEK, Joachim: *Roloff/Matek Maschinenelemente.* 17. überarbeitete Auflage. Vieweg, 2005

[NSK10] NSK: *NSK Product Finder.* Onlinekatalog. `http://www.nskeurope.de/cps/rde/xchg/eu_de/hs.xsl/index.html`. Version: 2010

[Oes04] OEST, Henning: *Modellbildung, Simulation und experimentelle Analyse der Dynamik wälzgelagerter Rotoren*, Universität Rostock, Diss., 2004

[Oph86] OPHEY, Lothar: *Dämpfungs- und Steifigkeitseigenschaften vorgespannter Schrägkugellager*, Laboratorium für Werkzeugmaschinen und Betriebslehre, RWTH Aachen, Diss., 1986

[Pal50] PALMGREN, Arvid: *Grundlagen der Wälzlagertechnik.* 3., neubearb. Auflage. Franckh, 1950

[Pal57] PALMGREN, A.: Neue Untersuchungen über Energieverluste in Wälzlagern. In: *VDI-Berichte* 20 (1957), S. 117–21

[PK06] PREDKI, W. ; KOCH, O.: Dreidimensionale Simulation der Wälzkörperbelastung in einem kombiniert belasteten Zylinderrollenlager. In: *VDI-Berichte* 1942 (2006), S. 35–52

[Pot86] POTTHOFF, Heinrich: *Anwendungsgrenzen vollrolliger Planetenrad-Wälzlager*, Institut für Konstruktionstechnik, Ruhr-Universität Bochum, Diss., 1986

[Rap89] RAPHAEL, Ernst: *Kritische Betriebszustände von Planetenrad-Nadellagern*, Institut für Konstruktionstechnik, Ruhr Universität Bochum, Diss., 1989

[Reu77] REUSNER, Helmut: *Druckflächenbelastung und Oberflächenverschiebung im Wälzkontakt von Rotationskörpern*, Universität Karlsruhe, Diss., 1977

[Reu91] REUSNER, Helmut: Das logarithmische Profil - Qualitätsmerkmal moderner Zylinderrollenlager und Kegelrollenlager. In: *Moderne Wälzlagertechnik.* Vogel Buchverlag, 1991, S. 275–286

[Rot64] ROTHBART, Harold A. ; ROTHBART, Harold A. (Hrsg.): *Mechanical design and systems handbook.* McGraw-Hill Book Company, 1964

[Sar02] SARFERT, Jochen: Berechnung und Simulation in der Wälzlagertechnik. In: *Konstruktion* Special Antriebstechnik S1 (2002), S. 28–34

[Sei90] SEILER, Andreas: *Auslegung und Untersuchung vollrolliger Zylinderrollenlager mit aerostatischem Käfig*, Institut für Maschinenkonstruktionslehre, Universität Karlsruhe, Diss., 1990

[SF01] STACKE, L.-E. ; FRITZSON, D.: Dynamic behaviour of rolling bearings: simulations and experiments. In: *Proceedings of the Institution of Mechanical Engineers, Part J: Journal of Engineering Tribology* 6 (2001), S. 499–508

[SF08] SCHÜLER, Dominik ; FRITZ, Felix: *Zur Berechnung reibungsbehafteter Wälzlagerkontakte mit der Finite-Elemente-Methode*, Institut für Technische Mechanik, Universität Karlsruhe, Studienarbeit, 2008

[SF09] SACKMANN, Arthur ; FRITZ, Felix: *Reibung fettgeschmierter Wälzlager*, Institut für Technische Mechanik, Universität Karlsruhe, Studienarbeit, 2009

[SFN99] STACKE, L.-E. ; FRITZSON, D. ; NORDLING, P.: BEAST – a rolling bearing simulation tool. In: *Proceedings of the Institution of Mechanical Engineers, Part K: Journal of Multi-body Dynamics* 215 (1999), Nr. 6, S. 499–508

[SFR02] STACKE, Lars-Erik ; FRITZSON, Dag ; RYDELL, Bengt: Das dynamische Verhalten von Wälzlagern in Simulation und Versuch. In: *SKF Evolution Online* 1/02 (2002). http://evolution.skf.com

[Sjö96] SJÖ, Anders: *Numerical Aspects in Contact Mechanics and Rolling Bearing Simulation*, Dept. of Computer Science, Lund University, Sweden, Diss., 1996

[SKF04] SKF: Null-Fehler-Lieferant – SKF Explorer Kegelrollenlager. In: *SKF Info Magazin* 2 (2004), S. 8–9

[SKF06] SKF (Hrsg.): *Hauptkatalog*. SKF, 2006

[SKF10] SKF: *Interaktiver Lagerungskatalog*. Onlinekatalog. http://www.skf.com/portal/skf/home/products?newlink=first&lang=de. Version: 2010

[Sna67a] SNARE, Bertil: Das Reibungsmoment in belasteten Kugelkontakten. In: *Kugellagerzeitschrift* 42 (1967), Nr. 154, S. 3–14

[Sna67b] SNARE, Bertil: Das Reibungsmoment in belasteten Kugellagern. In: *Kugellagerzeitschrift* 42 (1967), Nr. 155, S. 13–22

[Sna67c] SNARE, Bertil: Der Rollwiderstand in belasteten Rollenlagern. In: *Kugellagerzeitschrift* 42 (1967), Nr. 153, S. 19–24

[Sna67d] SNARE, Bertil: Der Rollwiderstand in leicht belasteten Lagern. In: *Kugellagerzeitschrift* 42 (1967), Nr. 152, S. 2–7

[SP74] SINGH, Krishna P. ; PAUL, Burton: Numerical Solution of Non-Hertzian Elastic Contact Problems. In: *ASME Journal of Applied Mechanics* (1974), June, S. 484–490

[Stö71] STÖSSEL, Klaus: *Reibungszahlen unter elasto-hydrodynamischen Bedingungen*, Institut für Maschinenelemente, TU München, Diss., 1971

[ST05a] SAUER, Bernd ; TEUTSCH, Roman: Dynamiksimulation von Maschinenelementen mit Gleit-Wälz-Kontakten (Teil 1). In: *Konstruktion* 7/8 (2005), S. 67–71

[ST05b] SAUER, Bernd ; TEUTSCH, Roman: Dynamiksimulation von Maschinenelementen mit Gleit-Wälz-Kontakten (Teil 2). In: *Konstruktion* 9 (2005), S. 91–95

[Ste95] STEINERT, Thomas: *Das Reibmoment von Kugellagern mit bordgeführtem Käfig*, Laboratorium für Werkzeugmaschinen und Betriebslehre, RWTH Aachen, Diss., 1995

[Str01] STRIBECK, Richard: Kugellager für beliebige Belastungen. In: *VDI-Zeitschrift* 45 (1901), Nr. 3, S. 73–79 und 118–125

[Str02] STRIBECK, Rudolf: Die wesentlichen Eigenschaften der Gleit- und Rollenlager. In: *Zeitschrift des Vereines Deutscher Ingenieure* 46 (1902), Nr. 36, S. 1341–1348, 1432–1438, 1463–1470

[SV95] SCHOUTEN, M.J. W. ; VAN LEEUWEN, H.J.: Die Elastohydrodynamik: Geschichte und Neuentwicklungen. In: *VDI-Berichte Nr. 1207*. VDI Verlag, 1995, S. 1–47

[Teu05] TEUTSCH, Roman: *Kontaktmodelle und Strategien zur Simulation von Wälzlagern und Wälzführungen*, Lehrstuhl für Maschinenelemente und Getriebetechnik, Technische Universität Kaiserslautern, Diss., 2005

[Tim10] TIMKEN: *Timken Bearings.* Onlinekatalog. `http://www.timken.com/de-de/products/bearings/Pages/default.aspx`. Version: 2010

[Tri85] TRIPP, John H.: Hertzian Contact in Two and Three Dimensions / NASA Technical Paper. 1985 (2473). – Forschungsbericht

[TS04] TEUTSCH, Roman ; SAUER, Bernd: An Alternative Slicing Technique to Consider Pressure Concentrations in Non-Hertzian Line Contacts. In: *ASME Journal of Tribology* 126, July 2004 (2004), S. 436–442

[Ves03] VESSELINOV, Vladimir: *Dreidimensionale Simulation der Dynamik von Wälzlagern*, Institut für Maschinenkonstruktionslehre und Kraftfahrzeugbau, Universität Karlsruhe, Diss., 2003

[WF07] WILDE, Daniel ; FRITZ, Felix: *Erstellung eines geschmierten Einzelkontaktes für ein Mehrkörpersimulationssystem*, Institut für Technische Mechanik, Universität Karlsruhe, Studienarbeit, 2007

[Wis00] WISNIEWSKI, Marek: *Elastohydrodynamische Schmierung.* Expert-Verlag, 2000. – ISBN 3-8169-1745-3

[WWN99] WIJNANT, Y. H. ; WENSING, J.A. ; NIJEN, G.C. van: The Influence of Lubrication on the dynamic behaviour of ball bearings. In: *Journal of Sound and Vibration* 222 (1999), Nr. 4, S. 579–596

Lebenslauf

Person

Name:	Felix Fritz
Geburtsdatum:	06.03.1980
Geburtsort:	Gernsbach

Ausbildung

08/1986-07/1990	Grundschule in Forbach
08/1990-06/1999	Gymnasium in Gernsbach Allgemeine Hochschulreife mit den Leistungskursen Physik und Mathematik
10/1999-09/2005	Studium des Maschinenbaus in der Vertiefungsrichtung Mechatronik und Mikrosystemtechnik an der Universität Karlsruhe (TH)

Berufstätigkeit

02/2000-04/2000	Grundpraktikum bei Rauch Landmaschinenfabrik GmbH in Sinzheim
11/2002-04/2003	Industriepraktikum bei EADS in Ottobrunn
10/2005-05/2011	Wissenschaftlicher Mitarbeiter am Institut für Technische Mechanik des Karlsruher Institus für Technologie (KIT)
07/2010-10/2010	Forschungsaufenthalt am Department of Mechanical Engineering der Purdue University, USA gefördert durch das Karlsruhe House of Young Scientists